乡镇（街道）食品安全工作手册

扬州市食品安全委员会办公室 组织编写
崔桂友 主编

中国轻工业出版社

图书在版编目（CIP）数据

乡镇（街道）食品安全工作手册 / 扬州市食品安全委员会办公室组织编写；崔桂友主编. — 北京：中国轻工业出版社，2023.5

ISBN 978-7-5184-4413-7

I. ①乡… II. ①扬… ②崔… III. ①食品安全—中国—手册 IV. ①TS201.6-62

中国国家版本馆CIP数据核字（2023）第064926号

责任编辑：贺晓琴　方　晓　　责任终审：高惠京　　整体设计：水长流
策划编辑：史祖福　贺晓琴　　责任校对：吴大朋　　责任监印：张　可

出版发行：中国轻工业出版社（北京东长安街 6 号，邮编：100740）
印　　刷：艺堂印刷（天津）有限公司
经　　销：各地新华书店
版　　次：2023年5月第1版第1次印刷
开　　本：720 × 1000　1/16　印张：13
字　　数：292千字
书　　号：ISBN 978-7-5184-4413-7　定价：45.00元
邮购电话：010-65241695
发行电话：010-85119835　传真：85113293
网　　址：http://www.chlip.com.cn
Email: club@chlip.com.cn
如发现图书残缺请与我社邮购联系调换
221776K1X101ZBW

本书编委会

主　审： 洪　昊　郁　新

主　编： 崔桂友

编　委： 张树明　康雨薇　杨　溢

Preface

前言

食品安全关系人民群众身体健康和生命安全。食品安全工作重点在监管，难点在企业，支点在社会，但落脚点、关键点在基层。基层是食品安全状况最复杂的区域，也是食品安全工作最末梢、最薄弱的环节。

乡镇政府（街道办事处）是我国从中央到地方的五级政府体系中的最基层，因其直接面对各类食品生产经营者和消费者，在食品安全工作中具有重要地位和作用，直接关系到党和国家食品安全工作决策部署在基层的落地实施，关系到经济健康发展和社会和谐稳定，也直接关系到地区食品安全的整体态势。

当前，我国乡镇（街道）一级已经设立了食品安全委员会及其办公室，在农村行政村及城镇社区配备了食品安全协管员（信息员），食品安全属地管理制度正在进一步完善。但是，乡镇（街道）食品安全工作普遍存在着属地责任不清、思想重视不够、治理能力不强、人员流动较大等短板，而且在当前实行乡镇（街道）职能机构改革的背景下，基层食品安全工作有被弱化的倾向。

2021 年 9 月，扬州市发布并实施了扬州市地方标准 DB 3210/T 1093—2021《乡镇（街道）食安办建设与工作规范》。为更好地服务于基层食品安全工作，指导乡镇（街道）食安办开展标准化建设，帮助广大基层食安办工作人员、食品安全协管员（信息员）提升履职能力，推动基层食品安全长治久安，特编制本手册。

本手册共分为三篇。第一篇为乡镇（街道）食品安全工作职责，分别从党政领导、食安委、食安办、协管员等层面，介绍了基层食品安全工作“谁来干”和“干什么”。第二篇为乡镇（街道）食品安全工作实务，按照《国务院关于加强食品安全工作的决定》赋予乡镇（街道）食品安全工作的四大任务，主要介绍了基层食品安全工作“怎么干”。第三篇和附录为资料性文档，供基层食品安全工作人员查阅参考。

本手册紧扣食品安全法律法规和政策规定对乡镇（街道）食品安全工作的要求，凸显简洁性、实用性、指导性的特点，对于基层从事食品安全工作的人员开展学习、组织培训、推进工作，具有很强的针对性和可操作性。

本手册的编写得到了扬州大学和扬州市食品安全学会专家、扬州市各县（市、区）食品安全协调科科长的大力支持，在此表示诚挚的感谢！

扬州市食品安全委员会办公室

2023 年 2 月

目录
Contents

第一篇
乡镇（街道）食品安全工作职责

第二篇
乡镇（街道）食品安全工作实务

第三篇
乡镇（街道）食品安全工作文档参考文本

附　录
常用食品安全政策文件摘录

第一篇

乡镇（街道）食品安全工作职责

第一章 乡镇（街道）食品安全工作组织架构

一、食品安全工作组织体系

2012 年，《国务院关于加强食品安全工作的决定》（国发〔2012〕20 号）提出：“推进食品安全工作重心下移、力量配置下移，强化基层食品安全管理责任。乡（镇）政府和街道办事处要将食品安全工作列为重要职责内容，主要负责人要切实负起责任，并明确专门人员具体负责，做好食品安全隐患排查、信息报告、协助执法和宣传教育等工作。乡（镇）政府、街道办事处要与各行政管理派出机构密切协作，形成分区划片、包干负责的食品安全工作责任网。在城市社区和农村建立食品安全信息员、协管员等队伍，充分发挥群众监督作用。基层政府及有关部门要加强对社区和乡村食品安全专、兼职队伍的培训和指导。”这是在国家层面首次明确了乡镇（街道）一级食品安全工作的属地责任、四大任务及工作模式。

2019 年，《地方党政领导干部食品安全责任制规定》（厅字〔2019〕13 号）中“乡镇（街道）党政领导干部，各类开发区管理机构党政领导干部，参照本规定执行”，对乡镇（街道）党政领导干部食品安全领导责任提出了要求。

2022 年底，国务院食安委发布了《关于建立健全分层分级精准防控末端发力终端见效工作机制 推动食品安全属地管理责任落地落实的意见》（食安委发〔2022〕7 号），国务院食安办也配套出台了具体实施意见，要求将乡镇（街道）和村（社区）两级纳入食品安全包保责任体系，实行责任、任务和督查清单制，并建立责任与任务承诺书制度，进一步压实食品安全属地责任。

由此可见，乡镇人民政府和街道办事处承担食品安全社会治理的重要性不断凸显，相关工作任务和职责也不断地具体化。

目前，全国各乡镇（街道）食品安全工作的组织网络的基本模式是：成立乡镇（街道）食品安全委员会（以下简称“食安委”）或食品安全工作领导小组，下设食品安全委员会办公室（以下简称“食安办”）；通过乡镇（街道）的内设机构和县（市、区）有关部门的派出机构，同时在村（社区）聘任食品安全协管员，或实施食品安全工作网格化管理等形式，分工落实乡镇（街道）的食品安全管理责任。

乡镇（街道）食品安全工作的组织架构如图 1-1 所示。

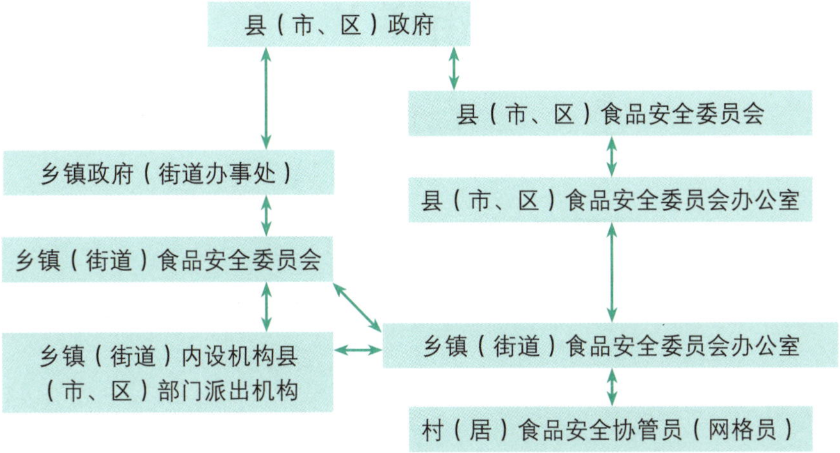

图 1-1　乡镇（街道）食品安全工作的组织架构

2020 年，根据江苏省委办公厅、省政府办公厅印发的《关于推进基层整合审批服务执法力量的实施方案》要求，江苏省全面启动了乡镇（街道）职能机构改革。全省各地改革的模式有所不同，以扬州市为例，在乡镇设置“一办八局”，分别为党政办（挂“指挥调度中心”牌子）、党群工作局（挂“党建工作办公室”牌子）、行政审批局（挂“为民服务中心”牌子）、综合行政执法局（挂“安全生产监督管理办公室”牌子）、经济发展局（挂“财政局”牌子）、农业农村局（挂“扶贫工作办公室”牌子）、建设和生态环境局、社会事业局、社会治理局；在街道原则上不设行政审批局（单设“为民服务中心”），其他职能机构参照乡镇设置（图 1-2）。

按照该机构设置，目前扬州市各乡镇（街道）食品安全涉及的部门主要包括：乡镇（街道）内设的综合行政执法局、农业农村局、建设和生态环境局、社会事业局，以及县（市、区）有关部门派出的市场监管分局、公安派出所等机构。

在现有的体制机制和治理格局下，乡镇（街道）应从两方面着手，着力构建“党委领导、政府负责、部门监管、行业自律、社会参与”的工作格局。一是按照“权责明晰、分级负责、网格监管、责任到人”的原则，形成分区划片、定人定岗、定位定责的网格化管理，力争将食品安全问题排查在网格、化解在基层，将食品安全监管触角延伸到村（社区），真正打通食品安全工作的“最后一公里”；二是积极支持、协助县级部门及其派出机构依法开展食品安全监督管理工作，促进与市场监管分局（所）之间的沟通协调，密切协作配合，信息资源共

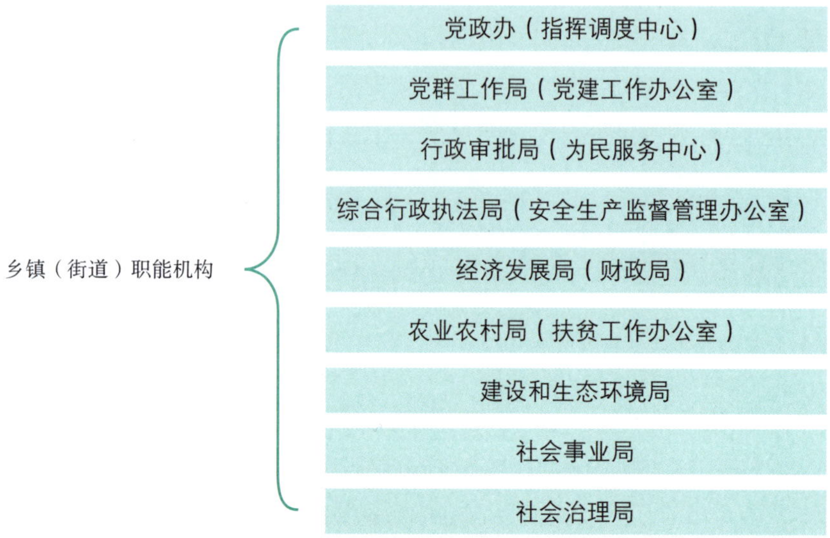

图 1-2　扬州市乡镇（街道）职能机构

享，形成工作合力，破解基层食品安全工作乡镇（街道）“看得见的管不着”和监管部门“管得着的看不见”的困局。在此基础上，全面落实好党委政府的组织、管理和考评责任。

二、食安委的设置

1. 食安委主任

乡镇（街道）食安委主任由乡镇政府（街道办事处）主要领导或分管领导担任（兼任）。在乡镇（街道）层面，扬州市 88 个乡镇（街道）中已有超过半数的党政一把手担任食安委主任，体现了各级政府对食品安全工作的重视。

食安委主任的主要职责是：

①负责乡镇（街道）食安委全面工作，贯彻落实上级党委政府关于食品安全工作的决策部署，研究制定本区域食品安全工作重大方针政策，主持召开乡镇（街道）食安委全体会议。

②加强对本区域食品安全工作的领导、组织和协调。

③加强食品安全工作人员队伍建设，保障食品安全工作经费和工作条件。

④加强食品安全工作督促检查，确保食品安全各项措施落实到位。

2. 食安委副主任

乡镇（街道）食安委副主任一般由乡镇政府（街道办事处）分管食品安全相关工作的领导担任（兼任）。

食安委副主任的主要职责是：

①协助乡镇（街道）食安委主任抓好食安委各项工作。

②定期分析研究本区域食品安全问题，落实食品安全工作措施。

③加强对食品安全职责交叉或不清领域的组织协调，建立健全联动机制，消除监管盲区。

④完成乡镇（街道）食安委主任交办的其他工作。

3. 食安委成员

乡镇（街道）食安委根据食品安全涉及的相关领域，设若干名成员，由相关领域的单位负责人担任。从乡镇（街道）食品安全工作的实践看，一般可将乡镇（街道）负责农业、卫生、安全、教育、环境生态、财政等的内设机构主要负责人、上级部门派出机构（市场监管局分局、公安派出所等）主要负责人及各村（社区）书记或主任等列为乡镇（街道）食安委的组成人员。

食安委组成人员的主要职责是：

①按照本部门职责，定期研究部署食品安全工作，并落实监管和保障措施，确保相关领域的食品安全。

②加强本部门相关领域食品安全工作的组织协调，及时向乡镇（街道）食安委报告工作开展情况。

③完成乡镇（街道）食安委主任、副主任交办的其他工作。

三、食安办的设置

乡镇（街道）食安委下设办公室（简称食安办），是乡镇（街道）食安委的办事机构，也是落实乡镇（街道）食安委工作决策部署的协调机构和执行机构，统筹协调辖区内食品安全监管工作，业务上接受县（市、区）食安办指导。

在实行乡镇（街道）职能机构改革后，各乡镇（街道）的食安办已经不是单列内设机构，而是将其职能置于其他内设机构内，不同地方的设置差别非常大。不论采用何种模式，食安办的工作职能和重要性，不能因为机构调整而被弱化。

乡镇（街道）食安办通常设主任一名、副主任若干名。食安办主任可由乡镇（街道）的分管领导担任（兼任），也可由乡镇（街道）食安办所在机构的负责人担任（兼任）。

四、食安办工作人员的配置

乡镇（街道）食安办应配置专（兼）职工作人员，每个乡镇（街道）食安办应至少配备 1 名专职工作人员。食安办工作人员数量应根据辖区人口规模和食品生产经营单位数量的多少合理配备，确保有足够力量承担相关职责。

扬州市在 2020 年对乡镇（街道）的“三整合”改革中，将行政事业单位人员统筹编入“一办八局”或“一办七局”中，在机构内部按规定明确职务职级，实行 AB 岗，逐步实现“一专多能”“多专多能”。在这次改革中，由于上级编办没有明确乡镇（街道）食安办应设置专（兼）职工作人员岗位，乡镇（街道）人员职数比较少，导致部分乡镇（街道）对食安办工作人员的配备不够重视。

为保障属地食品安全工作的组织实施，根据扬州市地方标准《乡镇（街道）食安办建设与工作规范》，乡镇（街道）应按照常住人口规模和食品安全监管任务大小，合理确定乡镇（街道）食安办工作人员数量。每个乡镇（街道）食安办至少配备 1 名专职工作人员，常住人口 4 万人以上的乡镇（街道）食安办应配有 2 名及以上专（兼）职工作人员。食品生产经营主体较多或食品安全管理任务繁重的乡镇（街道）应适当加强人员力量，具体由乡镇（街道）研究确定，确保有足够力量有效承担职责。所需人员由乡镇（街道）按照政府职能转变的要求，予以内部调剂。

食安办专（兼）职工作人员的主要职责是：

①负责食安办日常事务。配合乡镇（街道）食安办主任完成食安办的日常具体事务。统筹协调区域食品安全工作，开展区域食品安全调查研究，提出加强食品安全工作的建议，供乡镇（街道）食安办领导决策参考。做好乡镇（街道）食安办成员单位间的联系沟通工作。做好食安办主任办公会议的具体联络、筹备等工作，形成会议纪要，并督促贯彻落实。做好乡镇（街道）所辖行政村、社区相关工作的沟通联系。

②掌握生产经营户基数。全面掌握本辖区涉及食品生产经营单位底数及基本情况（包括种植养殖、定点屠宰、食品生产、食品销售、餐饮服务等），及时收集、更新食品生产经营户动态信息。

③统筹推进辖区日常工作。统筹推进乡镇（街道）食品安全隐患排查、协助执法、信息报送和宣传教育工作。组织协调本辖区相关职能部门开展食品安全日常监管和专项整治、应急处置等工作，协助县级有关食品安全监管部门开展行政执法工作。

④完成乡镇（街道）食安办和上级食品安全监管部门交办的其他工作。

五、协管员的配置

村（社区）应配备食品安全协管员，具体数量由各地根据实际需要研究确定。根据扬州市地方标准《乡镇（街道）食安办建设与工作规范》，原则上 2000 人以下的村配备 1 名协管员，2000 人以上的村配备 2 名及以上协管员；1 万人以下的社区配备 1 名协管员，1 万人以上的社区配备 2 名及以上协管员。

食品安全协管员要具备食品安全岗位要求的基本能力，宜选聘在协助管理区域内长期居住、工作稳定且有责任心和事业心的人员。可由村（社区）熟悉食品安全工作、责任心强的行政村（社区）干部兼任，也可由其他公共服务岗位人员交叉兼职，具体条件由各地根据工作需要确定。目前，村（社区）既有农产品质量安全协管员，也有食品安全协管员，可根据实际，进行有效整合。

鼓励乡镇（街道）采取向社会购买服务的方式聘任专职食品安全协管员，签订劳动用工合同，实行合同制或劳务派遣制管理，按规定发放工资和福利，将其工作纳入行政村（社区）公共服务的重要内容，所需工作经费纳入同级财政预算。

六、社会监督员、志愿者队伍的组建

健全和完善多元共治机制，充分调动广大群众参与食品安全工作的积极性。要发挥食品行业协会、民间组织、志愿者队伍、农民专业合作社的作用，构建食品安全社会共治格局。

鼓励建立食品安全社会监督员队伍。积极组织本区域人大代表、政协委员及相关人员，组建由热心公益事业、了解食品安全常识的社会监督员、志愿者、义工等构成的公益性服务队伍，建立健全工作制度，定期组织开展活动。

鼓励通过机制创新，让食品安全公益性服务队伍从单纯的参与者，转变为组织的策划者和执行者，积极推动志愿服务从最初的提供基础性社会服务向纵深参与社会治理、凝聚社会共识转化。

七、食品安全网格单元的构建

对于食用农产品质量安全的基层监管，农业农村部发布了《农业农村部关于加强乡镇农产品质量安全网格化管理的意见》（农质发〔2021〕7 号）；对于食品安全的基层监管，各地也在试行网格化管理。

扬州市市域治理领导小组办公室和扬州市市场监督管理局联合发布的《关于推行食品安全网格化管理工作的通知》（扬市域治理办〔2021〕17 号）提出：加强基层食品安全网格化监管体系建设，把县（市、区）、乡镇（街道）、村（社区）三级食品安全纳入网格化服务管理工作，承接网格化服务管理体系辐射效能。县（市、区）、乡镇（街道）两级市场监管部门与网格化服务管理机构信息互联互通、资源整合，实现对基层食品安全工作的动态监管、源头治理。利用村（社区）已建立的网格，充分发挥网格员队伍的优势，将食品安全的风险隐患排查、科普知识宣传等工作事项，纳入基层网格员工作范畴，实现资源有效整合、工作有效聚力，确保基层食品安全工作有人干、有人管、管到位，形成“县牵头、镇主抓、村协管、格排查”的食品安全监管新格局。文件提出的具体措施如下。

1. 县（市、区）职责

各县（市、区）、功能区食安办（市场监管部门）会同同级党委政法委，编制基层食品安全网格化监管工作实施方案、职责清单、考核奖励办法、工作手册等实用性强的工作规范和标准。依据食品安全监管实际需求，组织开展食品安全网格化监管业务培训，对网格员上报的食品安全违法行为线索依法依规进行甄别处置。明确专人负责基层食品安全网格化监管工作，协同有关部门解决食品安全网格化监管所需经费、设备等问题。

2. 乡镇（街道）职责

按照属地管理要求，明确镇级食品安全网格化监管职责和网格员职责，加强对网格员的日常管理和监督考核。督促村（社区）开展食品安全检查，全覆盖、无盲区掌握食品生产经营企业情况，收集、甄别、上报食品安全相关线索，及时督促整改食品安全问题和隐患。协助市场监管、农业农村等部门开展食品安全隐患排查，开展食品安全法律法规和科普知识宣传。加强农贸市场、农家宴食品安全管理。对村（社区）网格员进行业务指导、培训。承担县（市、区）、功能区市场监管、农业农村等部门交办的其他工作。

3. 村（社区）职责

落实食品安全属地责任，配齐配强村（社区）食品安全协管员。组织网格员开展食品安全巡查，对本网格内的食品生产经营户进行台账登记，开展隐患排查和信息上报。做好农家宴备案登记和现场指导，协助食品安全执法和开展宣传等工作。

4. 网格员职责

协助开展食品安全监管等相关工作。主要负责摸排、收集、上报相关信息，做好台账登记。协助开展食品安全隐患排查，对网格内的食品安全隐患，进行督促提醒，及时准确上报。

网格化管理的重点任务是“三定”，即区域定格、网格定人、人员定责。

（1）区域定格

以乡镇（街道）为单位建立健全农产品质量安全和食品安全网格化管理体

系，按照范围清晰、管理便捷、无缝对接、全面覆盖的原则，因地制宜划分确定农产品质量安全管理网格和食品安全管理网格。网格划分按照《江苏省城乡网格化服务管理办法》（江苏省人民政府令第 141 号）的规定，除特殊情况外，应与报设区市网格化机构备案的网格划分和调整情况相一致。乡镇（街道）食安办要全面掌握辖区内监管对象信息，明确各网格责任人员，根据网格划分情况形成本辖区的网格化管理图。

目前，各地对网格的区域划分方式有很大不同。依据方便管理、无缝衔接、地域相邻等原则，一般实行“三级网格化”管理模式，即以乡镇（街道）为大网格单元，管理片区为中网格单元，以行政村（社区）或一定数量行政村、自然村或村民小组（居民小组）为小网格单元的网格化管理体系，分别设定三级网格负责人和工作人员。并以小网格为最基本单元绘制网格地图，界定标清各网格的范围，标注网格员及经济户口底数，建立网格档案。

通过实行“三级网格化”管理模式，把基层食品安全工作功能纳入网格中，使每一网格真正成为食品安全管理的基本单位和组织节点。鼓励将食品安全网格纳入当地全要素网格化治理范畴。

（2）网格定人

每个网格应明确网格负责人和协管员，人员数量可根据实际情况自行确定。网格负责人应由乡镇相关部门或县级派出机构人员担任，协管员可以由村（社区）两委成员或业务骨干等担任，也可以由社会选聘、购买服务等方式聘用的人员担任。鼓励有条件的地方在农民合作社、食品生产经营企业内部设置质量控制员，在重点地区、重点产业遴选社会监督人员等，构建多元共治的网格化管理队伍。各乡镇（街道）和县级食品安全监管部门要加强网格化管理人员培训，不断提升网格负责人、协管员的业务能力和技术水平，打造高水平网格化管理队伍。

（3）人员定责

明确网格负责人和协管员的工作任务。网格负责人应围绕农产品质量安全和食品安全监管服务职责，负责组织网格化管理工作。协管员应充分掌握网格内生产经营主体的基本情况，根据乡镇食安办及网格负责人要求，协助开展隐患排查、协助执法、信息报送、宣传教育等有关工作。

中、小网格单元网格化管理的重点是：落实定期检查制度，协助乡镇（街道）食安办及上级食品安全监管部门做好责任网格内食品生产加工经营单位的日常管理；按照食品安全网格化管理信息上报程序，及时反馈、上报食品安全管理信息；参加乡镇（街道）及各级食品安全监管部门组织的食品安全知识等培训，熟悉食品安全监管的有关政策、法律、法规和相关知识；开展食品安全法律法规及科普知识宣传；协助开展各类食品安全质量监测样品采集和食源性疾病调查；协助做好食品安全突发事件应急处置工作，网格内发生食品安全事故或突发事件，按照规定程序和时限及时上报，不擅自对外发布信息。

乡镇（街道）应建立健全食品安全基层责任网络的运行机制、工作机制、保障机制等各项长效制度，落实食品安全属地管理责任，解决基层食品安全突出问题，保障广大群众食品安全，形成食品安全基层防治、部门联治、社会共治的良好局面。

乡镇食品安全“三级网格化”责任体系示意图见图 1-3。

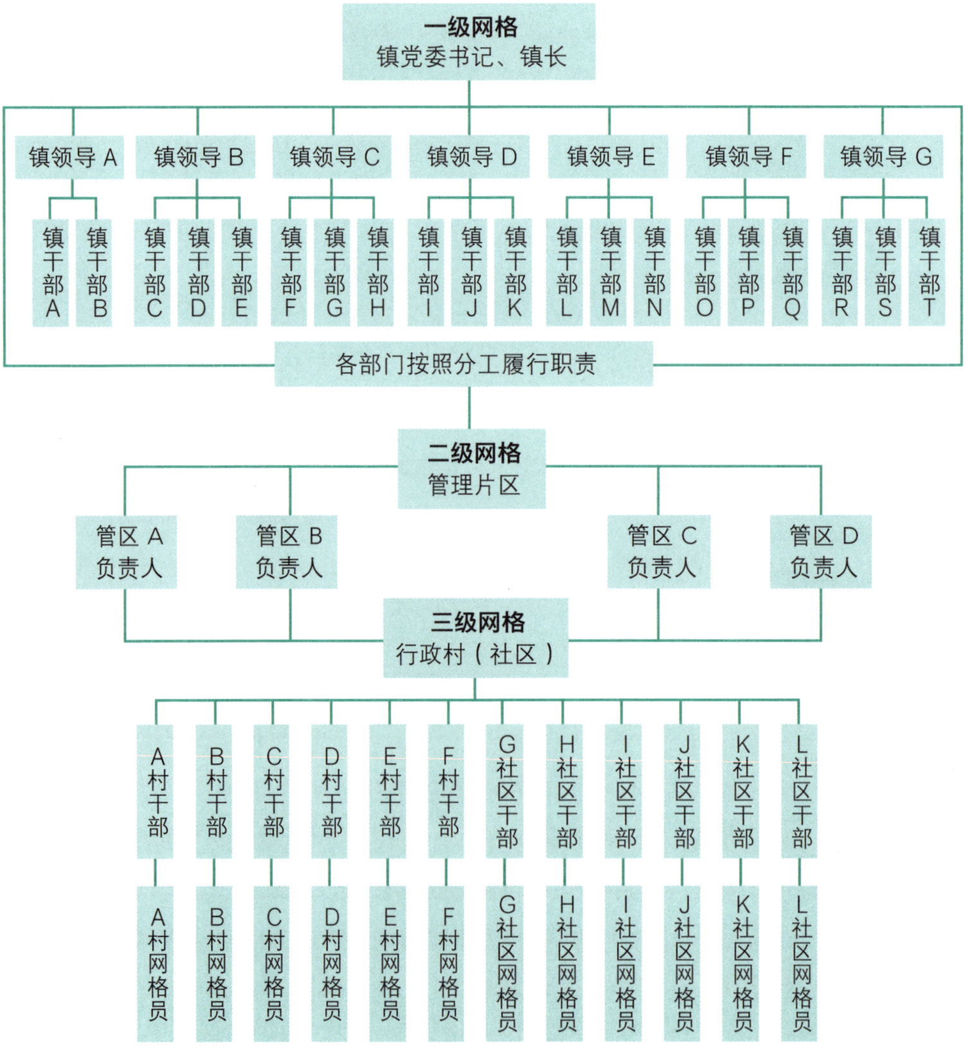

图 1-3　乡镇食品安全“三级网格化”责任体系示意图

另外一种模式是把社会综合治理、安全生产、消防、环保、食品安全等一并纳入网格化责任体系（图 1-4）（参照《江苏省城乡网格化服务管理办法》的网格化责任体系）。

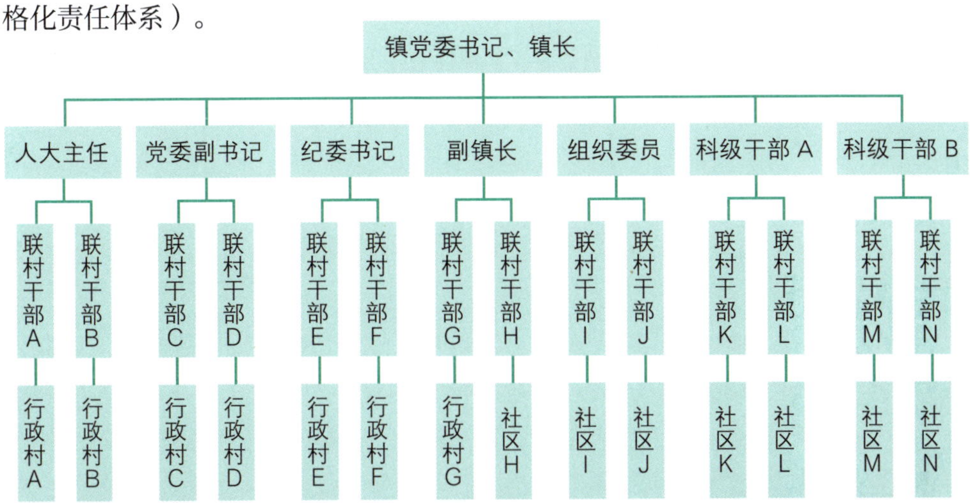

图 1-4　乡镇社会综合治理、安全生产、消防、环保、食品安全网格化责任体系示意图

第二章 乡镇（街道）属地责任和食安委工作职责

一、政府的属地管理责任和党政领导责任

1. 属地管理责任

按照属地管理原则，乡镇（街道）要将食品安全工作列为重要职责，从健全机构、配备人员、明确职责、严格考核、强化保障以及建立健全分层分级精准防控末端发力终端见效工作机制等方面，切实做好食品安全隐患排查、信息报告、协助执法、宣传教育等工作（图 1-5）。

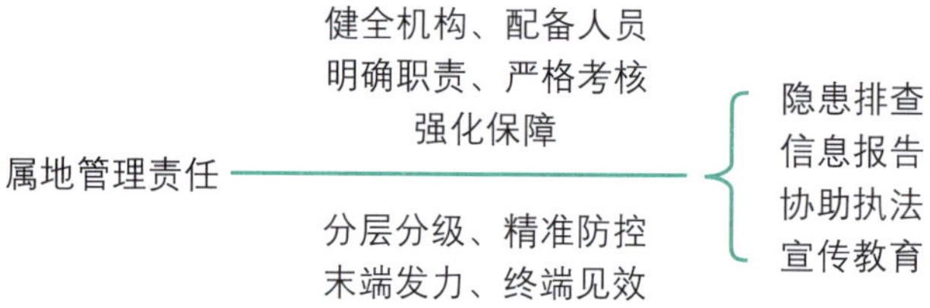

图 1-5　乡镇（街道）食品安全四项重要职责

乡镇（街道）要保障食品安全工作所需经费，为开展食品安全监管工作提供必要的工作条件。要将食品安全工作纳入乡镇（街道）年度重点工作内容和综合目标考核，考核权重不低于 3%。

根据国务院食品安全委员会印发《关于建立健全分层分级精准防控末端发力终端见效工作机制　推动食品安全属地管理责任落地落实的意见》（食安委发〔2022〕7 号）等文件精神，要求建立健全分层分级精准防控末端发力终端见效工作机制（包保工作）。将包保干部按市、县、乡、村分为四层，将所有食品生产经营者按照相关标准划分为 A、B、C、D 级。设区市领导干部包保 A 级主体，县（市、区）领导干部包保 B 级主体，乡镇（街道）领导干部包保 C 级主体，村（社区）干部包保 D 级主体。按照任务清单每季度开展一次督导，压紧压实食品安全属地工作责任。包保干部须同本级党委或政府（食安委）、村支部（村委会）主要负责人签订《食品安全责任与任务承诺书》，明确包保主体，履职尽责，完成任务。

2. 党政领导责任

根据中共中央办公厅、国务院办公厅《地方党政领导干部食品安全责任制规定》（厅字〔2019〕13 号）和江苏省委办公厅、省政府办公厅《关于落实〈地方党政领导干部食品安全责任制规定〉的通知》（苏办厅字〔2019〕45 号）要求：地方各级党委和政府对本地区食品安全工作负总责，主要负责人是本地区食品安全工作第一责任人，班子其他成员对分管行业或者领域内的食品安全工作负责。同时，对地方党委主要负责人、政府主要负责人、政府分管食品安全工作负责人、党委常委会其他委员和政府领导班子其他成员 5 个方面的党政领导干部食品安全职责作出具体规定（图 1-6）。

- 党委主要负责人职责
  - 职责总述
    - 全面加强党对本地区食品安全工作的领导，认真贯彻执行党中央关于食品安全工作的方针政策、决策部署和指示精神，上级党委的决定和相关法律法规要求。
  - 具体职责
    - “一个学习”：组织学习贯彻习近平总书记关于食品安全工作的重要指示批示精神和党中央关于食品安全工作的方针政策、决策部署。
    - “三个加强”：①加强党对本地区食品安全工作的领导；②加强对本地区食品安全问责工作的领导；③加强领导班子建设、干部队伍建设和机构建设，提升食品安全治理能力。
    - “一个协调”：协调各方重视支持食品安全工作。
    - “量化指标”：每年至少听取 1 次食品安全工作专题汇报，及时研究解决至少 1 项食品安全工作重大问题。
- 政府主要负责人职责
  - 职责总述
    - 加强对本地区食品安全工作的领导，认真贯彻执行党中央、国务院关于食品安全工作的方针政策、决策部署和指示精神，上级党委和政府、本级党委的决定和相关法律法规要求。
  - 具体职责
    - “两个落实”：领导组织地方政府落实食品安全属地管理责任，落实高质量发展要求。
    - “一个纳入”：将食品安全工作纳入本地区国民经济和社会发展规划。
    - “一个建立”：建立健全食品安全责任体系。
    - “一个加强”：加强食品安全监管能力、执法能力建设，整合监管力量，优化监管机制，提高监管执法队伍专业化水平。
    - “量化指标”：每年至少听取 1 次食品安全工作汇报，及时研究解决至少 1 项食品安全工作突出问题。

- 政府分管食品安全工作负责人职责
  - 职责总述
    - 加强对本地区食品安全监管工作的领导。具体负责组织本地区食品安全监管工作。
  - 具体职责
    - “一个协助”：协助党委和政府主要负责人落实食品安全属地管理责任。
    - “三个制定”：①组织制定食品安全工作具体措施；②制定食品安全专项规划、年度重点工作计划；③制定食品安全事故应急预案。
    - “四个推动”：①推动完善全程监管机制；②推动建立信息共享机制；③推动实施智慧监管；④推动社会共治。
    - “五个开展”：①组织开展专题调研；②开展风险防控、隐患排查和专项治理；③开展突发事件应对处置和调查处理；④开展评议考核；⑤开展普法和宣传教育、诚信体系建设。
    - “量化指标”：每年组织协调食品安全监管部门和相关部门及时分析食品安全形势不少于 2 次，研究解决至少 2 项食品安全领域相关问题。
- 党委常委会其他委员和政府领导班子其他成员职责
  - 按照职责分工，加强对分管行业或者领域内食品安全相关工作的领导。
  - 协助党委、政府主要负责人，统筹推进分管行业或者领域内食品安全相关工作。
  - 督促指导相关部门依法履行工作职责，及时研究解决分管行业或者领域内食品安全相关工作问题。

图 1-6　乡镇（街道）党政领导食品安全责任

二、食安委的主要职能

乡镇（街道）食品安全委员会（或称为食品安全工作领导小组），为乡镇政府（街道办）食品安全工作的议事协调机构。

对于乡镇（街道）食品安全委员会的具体工作职能，在目前所见的上级文件中尚无明确的规定。参照《中华人民共和国食品安全法实施条例》（2019 年修订版）第一章第三条规定：“国务院食品安全委员会负责分析食品安全形势，研究部署、统筹指导食品安全工作，提出食品安全监督管理的重大政策措施，督促落实食品安全监督管理责任。县级以上地方人民政府食品安全委员会按照本级人民政府规定的职责开展工作。”以及江苏省委、省政府《中共江苏省委江苏省人民政府印发〈关于深化改革加强食品安全工作的实施意见〉的通知》（苏发

〔2019〕36 号）中“完善食品安全委员会办公室议事规则，会同有关部门强化协调机制，加强沟通会商，实现信息共享，防止监管缺位，研究解决实际问题，严格督查督办”的文件精神，将乡镇（街道）食品安全委员会的主要职能定位如下。

1. 决策部署，统筹指导

组织贯彻落实各级党委政府关于食品安全工作的重大方针政策和决策部署，分析本区域食品安全形势，研究部署、统筹指导本区域食品安全工作；不定期开展食品安全工作专题调研；研究制定本区域食品安全工作重大方针政策、工作规划，完善食品安全治理体系；将食品安全工作纳入乡镇政府（街道）年度重点工作内容。

建立食品安全监管网络、健全食品安全工作机制，是保障基层食品安全的重要措施。落实党委政府对食品安全属地管理和负总责的责任制度，全面贯彻落实上级党委政府食品安全决策，坚持以人民为中心的思想，加强制度建设，细化组织领导责任、监督管理责任、能力建设责任、安全保障责任，突出风险防控，深化源头治理，推进形成完善规范的食品安全治理体系。

2. 协调联动，督查考核

建立健全乡镇（街道）食品安全协调联动机制，发挥食安委统一领导和食安办协调指导作用，建立食安办联席会议制度，定期分析食品安全形势，研究解决食品安全重大问题。调动各部门的食品安全监管力量和资源，充分组织调动和发挥各部门对食品安全监管的职能作用，建立健全常态化的跨部门、跨区域信息通报、隐患排查、事故处置等协调联动机制，有效衔接、形成合力，提升食品安全治理能力，坚守辖区不发生重大食品安全事故的底线。督促各部门和村（社区）履行食品安全监管职责，对村（社区）包保干部履职情况开展督查，把包保干部履职情况纳入食品安全工作评议考核，落实食品安全属地管理责任，制定督查考核及奖惩措施并组织落实。

乡镇（街道）要加强与食品安全监管部门及派出机构的沟通协调，建立定期联合研究食品安全工作机制，齐心协力抓好辖区内食品安全工作。食用农产品与食品安全监管部门要在当地政府统一领导下，切实加强日常监管，加大违法行为查处力度，不断提升监管科学化、规范化水平。要逐步形成乡镇（街道）政府负总责，监管部门各司其职并协作，村居配合，广大群众积极参与的基层食品安全工作新格局。

乡镇（街道）食安委及食安办应切实发挥统筹协调作用，协调食安委成员单位解决食品安全重大问题，协调解决部门之间职责职能交叉或职责不够清晰的问题。做好食品安全应急处置工作，按规定及时上报食品安全事故信息，并组织开展事故先期处置和救援。

三、食安委重点成员单位的分工

1. 市场监督管理派出机构（市场监管分局）

贯彻落实上级食品安全重大决策和部署；组织实施食品安全监督管理的法律法规；负责生产、销售、餐饮服务环节食品（含特殊食品）、食品添加剂和食品相关产品的日常监督和风险隐患排查，定期对生产经营合法合规情况进行检查，组织实施食品安全快速检测和监督抽检，并对问题食品及时依法进行处置，开展各类食品安全专项整治行动，严厉查处食品生产经营环节违法行为；对各级包保干部督导通报的问题，组织现场检查或立案调查，调查处理情况及时上传“落实属地责任平台”，并通报包保干部。建立健全食品安全事故应急处置体系，积极开展食品安全事故应急处置和调查处理工作。对于已撤销市场监管分局的地区，相关职能由相应部门承担。

2. 负责农业水产畜牧部门（乡镇农业农村局）

强化农产品质量安全源头监管，负责食用农产品从种植养殖环节到进入批发、零售市场或生产加工企业之前的质量安全监督管理；强化食用农产品产地准出和追溯机制的建立和完善；负责农药、兽药、渔药、肥料等农业投入品质量及使用的监督管理；负责动植物疫病防控、畜禽屠宰环节和生鲜乳收购环节质量安全监督管理；会同有关部门推进农业标准化生产。

3. 公安派出机构（公安派出所）

依法查处并严厉打击生产销售有毒有害食品、不符合食品安全标准食品和假冒伪劣食品等涉及食品安全的犯罪活动；与食用农产品和食品安全监管部门建立行政执法和刑事司法工作衔接机制；及时发现食品安全违法犯罪线索；协调处置并依法开展重大食品安全犯罪案件的侦办工作，维护较大及以上食品安全事故现场秩序，配合调查较大及以上食品安全事故；依法查处妨碍食品安全监管部门工作人员依法执行公务的违法犯罪行为。

4. 负责安全管理部门（乡镇综合行政执法局）

负责食品、食用农产品监管部门有关食品安全执法事权赋权乡镇（街道）事项违法行为的查处，负责划定食品摊贩经营区域和确定经营时段，负责流动食品摊贩擅自占道经营的日常管理，强化对食品摊贩的食品安全监管。

5. 负责健康卫生部门（乡镇社会事业局）

建立群体性食物中毒事件核查、信息报告和医疗救治机制；乡镇（街道）卫生院负责食源性疾病和食物中毒事故的应急救援和医疗救治，配合县级疾病预防控制机构开展食品安全事故现场卫生处理以及流行病学调查；负责食品摊贩备案和农村集体聚餐活动现场指导。

6. 负责教育部门（乡镇社会事业局）

负责指导加强学校食品安全日常管理，组织开展学校食堂及校内食品销售单位日常自查；指导督促各学校开展食堂、食品销售单位负责人和关键岗位人员食品安全培训；协助食品安全监管部门开展学校食堂及校内食品经营单位食品安全管理；建立和完善学校食品安全事故应急处理机制；积极开展食品安全宣传教育工作，多途径向教职员工和学生普及食品安全知识。

7. 负责环境生态部门（乡镇建设和生态环境局）

负责对影响食品安全的生产环境及污染源进行监督管理，依法查处相关环境违法行为；对农用地土壤污染防治和生态保护进行监督管理；指导生态农业建设工作；参与监督协调有机食品发展；参与和食品有关的环境污染事件的应急处置及事故的调查处理；协助做好罚没、假冒伪劣食品销毁工作。

8. 负责财政部门（乡镇经济发展局）

建立健全食品安全监督管理经费保障机制，落实食品安全综合协调和食品安全监管工作经费，会同有关部门对食品安全监管经费预算执行情况以及资金使用情况进行监督。

第三章 乡镇（街道）食安办日常工作职责

一、食安办制度建设

乡镇（街道）食安办协助食安委统筹协调辖区内食品安全工作，业务上接受上级食安办指导。

乡镇（街道）食安办应重点围绕食安办的五大类工作职责，即统筹协调（含工作部署、议事协调和督查考核）、隐患排查（含日常隐患排查、农村集体聚餐管理、联合检查）、协助执法（含小作坊管理、食品摊贩管理、小餐饮网格化社会治理）、信息报告、宣传教育，建立健全食品安全各项工作制度（图 1-7）。

各项工作制度的参考文本见“第三篇 乡镇（街道）食品安全工作文档参考文本”。

- 工作职责
  - 统筹协调
  - 隐患排查
  - 协助执法
  - 信息报告
  - 宣传教育

→

- 工作制度
  - 统筹协调类制度
    - 议事协调类制度
    - 督查考核类制度
  - 隐患排查类制度
  - 协助执法类制度
  - 信息报告类制度
  - 宣传教育类制度

图 1-7 乡镇（街道）食安办工作制度种类

二、协管员队伍建设

乡镇（街道）食安办负责确定村（社区）食品安全协管员的聘用人数、聘用条件和聘用程序。与聘用人员签订聘用协议，明确其工作职责。

乡镇（街道）食安办应加强对协管员队伍的日常管理，选派基层责任意识强的人员任职，对业务知识考核不过关、工作不到位、责任心缺失或发生食品安全事故造成影响的应及时进行调换，保证片区协管员不空位、不失职。加强对协管员的业务培训和日常工作指导。认真落实协管员的经济待遇，调动协管员的工作积极性。

负责协管员的年度工作考核，考核合格的，可连续聘用。

三、统筹协调工作

1. 工作任务部署

对上级部署和本乡镇（街道）确定的工作任务进行分解落实，是乡镇（街道）食安办日常工作的一项重要内容。为确保各项工作任务落到实处，分解落实环节十分关键。同时，对重点工作及存在问题实施交办和督办。

①把握两个环节。一是听取乡镇（街道）食安委领导的意见，初步明确需分解落实的工作任务的重点、要点、范围和大致分工。二是与任务相关部门提前进行沟通，尽可能取得一致意见。

②注意两个方面。一是可操作性，在分解任务中，应明确目标，特别是可量化的指标（如农村集体聚餐备案与常住人口占比率、食品摊贩备案数等）；应明确工作进度，每项工作成效都易于估算并在可接受期限内。二是形成闭环，做到工作有部署、有举措、有督查、有总结等。

2. 议事协调工作

乡镇（街道）食安办应召集辖区食安委成员单位联络员，定期或不定期地召开联席会议，相互通报食品安全隐患排查发现的问题，以及在日常管理中遇到的共性问题和个性化难题，便于及时掌握食品安全最新动态，集中力量解决难题，适时公布重大食品安全事故处置情况，加强信息发布前的沟通，确保信息准确性。当发现食品安全隐患或发生食品安全事故，涉及多个部门的职责时，需联合协调行动，以主要责任单位为主，其他单位协助开展工作。联席会议一般每季度召开 1 次，重大问题可随时召开。

3. 评议考核工作

乡镇（街道）食安办牵头组织开展对各村（社区）及相关成员单位食品安全工作年度目标责任制考核。可以根据村（社区）和部门分别制定考核细则，考核细则可分为共性指标、个性指标和加减分指标。考核工作可分为季度跟踪、半年提示性督查、年终综合考评等几个方面，一般采取实地检查、听取汇报、查看记录、会议座谈、明察暗访等方式进行。

对各村（社区）工作的考核，应结合目标责任书和责任清单，重点考核食品生产经营户信息采集、风险隐患排查、农村集体聚餐报备与指导、食品安全宣传等工作开展情况。

对乡镇（街道）食安委主要成员单位的考核，重点考核依其职能开展的重点工作内容，查验相应的工作记录和档案，着重考核工作成效。

四、档案管理工作

乡镇（街道）食品安全工作档案是基层食品安全工作的原始记录，它真实反映了地方食品安全工作过程与成效，是档案资源的重要组成部分。食品安全工作已纳入各级党委巡视巡察内容，各单位和部门应高度重视食品安全工作档案的收集整理和归档，将档案管理工作与其他重点工作及时健全、同步落实。

1. 收档

收档材料一般包括纸质资料、音像、照片等，主要包括：

①日常工作档案。包括食安委和食安办日常工作材料，包括但不限于下列事项：党政同责落实、体制机制建设、协管员管理、计划总结、工作部署、议事协调、评议考核、要素保障等档案材料。

②属地管理工作档案。包括但不限于下列事项：隐患排查档案，包括生产经营主体基础档案、日常隐患排查、农村集体聚餐管理、联合检查等档案材料；协助执法档案，包括协助开展食品小作坊管理、食品摊贩管理、小餐饮治理以及其他协助执法工作档案材料；信息报告档案，包括日常信息报送和紧急信息报送等相关工作档案材料；宣传教育档案，包括宣传教育、培训及其社会共治等相关工作档案材料。

2. 整档

按照“应收尽收、应归尽归”的原则，对属于收集与归档范围的资料，应定期、定人、定点整理归档，进行集中管理，防止资料遗失。整理档案一般根据资料的属性，按照体制机制类、重点工作类、宣传教育类、应急处置类等分门别类或根据上级考核要求，分别整理建档。

3. 管档

按照“对标定级、动态管理”的原则，在符合乡镇（街道）档案工作规范化管理认定的基础上，对档案进行动态化管理，及时更新，并确保档案管理工作规范化，确保档案材料真实可靠。鼓励充分利用信息化手段，建立电子档案。

第四章 食安办工作人员和协管员工作职责

一、食安办工作人员主要职责

作为食安办的具体工作人员，应该结合食安办具体工作职责，当好“六大员”。即结合食安办统筹协调工作，当好参谋员和联络员；结合乡镇（街道）属地管理工作，当好指导员和督查员；结合食安办档案管理工作，当好记录员和内勤员（图 1-8）。

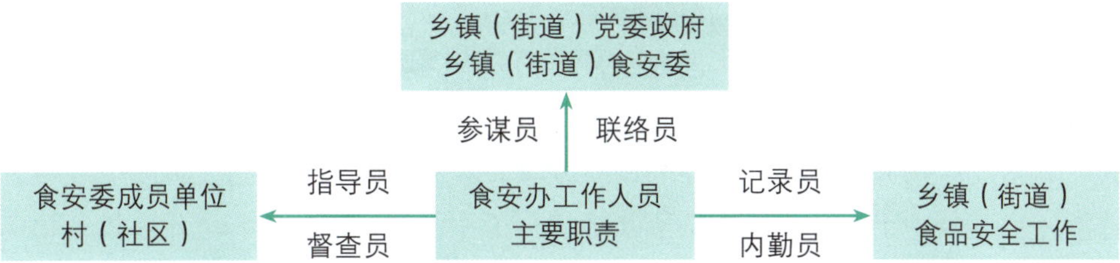

图 1-8　食安办工作人员主要职责

1. 当好参谋员

食品安全协调工作要经常谋事，为领导科学决策提供依据。食安办工作人员要主动加强食品监管法律法规学习，领会上级有关工作要求，了解食品安全工作动态信息，深入基层食品安全监管部门和乡村群众，开展食品安全调研，及时了解本行政区域的食品安全状况，把握食品安全工作出现的新情况、新问题，经常向党委政府汇报，保证党委政府及时掌握各种食品安全信息，为党委政府食品安全组织领导工作提供决策参考。

2. 当好联络员

食品安全协调工作体现了“抓总牵头”的特点，涉及党委政府和部门形象。基层食安办工作人员要加强各方协调工作，协助上级部门将食品安全工作纳入当地经济和社会发展规划，纳入各级政府综合目标考核、社会治安综合治理（平安建设）考核和党政领导干部绩效考核体系。要明确各成员单位职责边界，协调形成合力，共同做好食品安全工作。要鼓励社会公众参与食品安全监督，及时发现、控制和消除隐患，积极建言献策，努力形成群防群治的良好局面。要优化舆论环境，提升消费理性水平，更加主动地开展宣传引导工作，把握主动权，营造良好的舆论氛围。

3. 当好指导员

基层食安办应通过研究分析本地区的食品安全形势，统筹规划食品安全管理工作，就本地区的食品安全工作进行安排部署；学习、贯彻、落实相关法律法规和国家相关方针、政策和指示等，在遵循上级部门对食品安全监管工作的一般规定和领导的基础上，发挥地方的主动性和积极性，制定出台相关制度规范。同时，要将考核、评估、宣传、培训等工作予以细化、具体化并付诸实践。

4. 当好督查员

地方政府对本地区食品安全负总责，食安办是重要“抓手”。要围绕改进督查方式方法做文章，坚持围绕中心工作开展督查与阶段性重点工作督查相结合、领导督查与有关部门督查相结合、点上核查与面上推动相结合、明察与暗访相结合。要围绕形成督查合力做文章，学会借力党委、政府开展督查工作，重视发挥人大、政协以及监察部门、新闻舆论的监督作用，形成督查合力，提高督查效果，促进工作落实。要围绕建立长效机制做文章，不断加强督查工作制度建设，进一步完善督查工作运行机制，逐步使督查工作走上经常化、制度化、规范化的轨道。

5. 当好记录员

食品安全管理工作逐步进入精细化管理时期，档案是工作和履职的记录，是监管大数据的基础。领导决策、市场主体信息、日常管理、重大事件等，都需要档案来记录历史的痕迹，迎查考核、领导调研、汇总分析、形势研判等也需要大量的档案资料作为依据。及时反映和记录食品安全领域管理痕迹是档案管理工作的核心要义。

6. 当好内勤员

基层食安办工作人员要树立档案工作意识，对履行本地食品安全工作职责过程中形成的、具有保存价值的各种门类、载体的文件材料，进行收集、整理、立卷、归档，确保应归档的文件材料收集齐全、整理规范、保管安全、利用便捷。

二、协管员（信息员）主要职责

在现有的各类文件的表述中，基本未严格地区分协管员和信息员。我们将协助负责基层食品安全监督管理工作的人员，包括食品安全信息员、网格管理员以及采取向社会购买服务方式聘任的协助食品安全管理的人员等，统称为食品安全协管人员，简称协管员。协管员应按照网格化管理要求，明确管理网格，承担网格内食品安全相关工作职责。

《国务院关于地方改革完善食品药品监督管理体制的指导意见》（国发〔2013〕18 号）中提出："在农村行政村和城镇社区要设立食品药品监管协管员，承担协助执法、隐患排查、信息报告、宣传引导等职责。"因此，村（社区）协管员在乡镇（街道）食品安全办的指导下开展工作，主要承担隐患排查、协助执法、信息报告和宣传引导等职责，即兼有食品安全"检查员、联络员、信息员、宣传员"四重职责（图 1-9）。

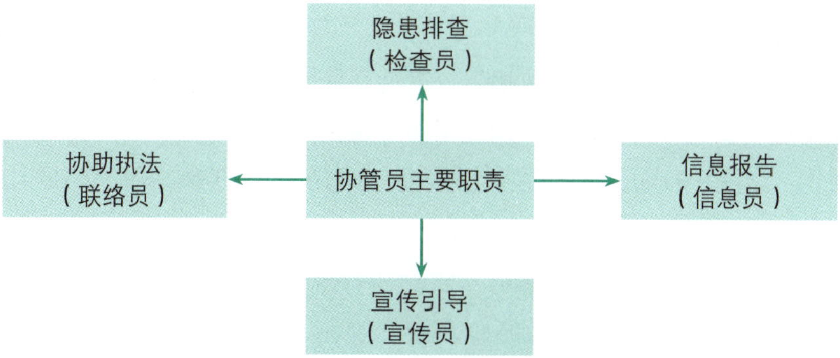

图 1-9 协管员主要职责

1. 隐患排查的检查员

协管员要全面掌握网格内食品生产经营单位的分布和生产经营动态信息，建立工作记录和台账。要采取上门走访、电话联系等方式，开展网格内食品安全日常风险排查工作，并认真做好日常走访服务工作记录。积极服从乡镇（街道）食安办的安排部署，主动配合乡镇（街道）食品安全办和食品安全监管部门做好责任网格内食品生产经营单位的日常管理。收集报送所在网格内单次聚餐 50 人以上群体聚餐信息，对其进行备案并开展集体聚餐活动的食品安全现场指导工作。

2. 协助执法的联络员

协助有关部门对本村（社区）内的食品生产经营单位进行监督检查或相关执法活动，参与食品生产小作坊、食品摊贩、小食杂店和小餐饮的综合管理。

3. 信息报告的信息员

收集、汇总、分析和报告本村（社区）食品安全工作相关信息；向乡镇（街道）食安办和食品安全监管部门实时报送走访发现和群众举报的食品安全隐患、生产销售假冒伪劣食品、“三无”食品、虚假宣传消费欺诈等违法行为，由监管部门依法处置，将各类食品安全的风险隐患消除在萌芽阶段。及时反映群众、食品生产经营单位和其他组织对食品安全监管的意见和建议，并向食品生产经营者传达有关食品安全监管要求。

4. 宣传引导的宣传员

协助开展食品安全法律、法规和食品安全常识宣传。向群众及食品生产经营者宣传培训食品安全监督管理的法律法规、政策规定及食品安全常识，向社会公众发放食品安全宣传资料。

村（社区）协管员应建立协管工作台账，一般包括工作职责、生产经营主体基本情况、隐患排查记录、流动厨师管理、农村集体聚餐报备与指导、信息报送、宣传教育等内容。

隐患排查、协助执法、信息报告、宣传引导四大类属地管理工作，既是需要乡镇（街道）食安办牵头组织协调的工作，也是各村（社区）协管员协助开展的具体工作。这四个方面工作的内容比较多，分别在本手册第二篇中单独叙述。

第二篇

乡镇（街道）食品安全工作实务

第一章 风险隐患排查工作

一、食品安全风险隐患排查

1. 风险隐患排查工作概述

（1）食品安全风险隐患的含义

食品安全风险隐患是指食品（包括食用农产品）生产经营过程中存在的下列行为或状态：食品生产经营单位和个人违反食品安全法律、法规、规章、标准、规程和食品生产经营管理制度的规定，可能导致食品安全事故发生的；食品生产经营单位或个人在管理方面存在缺陷，可能导致食品安全事故发生的；管理制度、质量标准方面或其他人为因素，可能导致食品安全事故发生的；其他影响食品安全的各类苗头性、倾向性问题（图 2-1）。

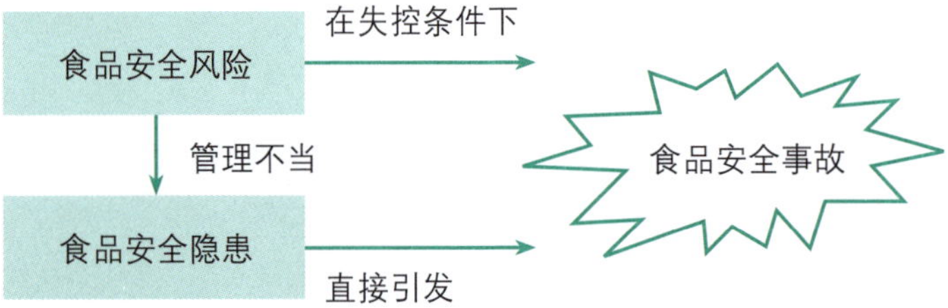

图 2-1　食品安全风险、隐患与事故的关系

食品安全风险隐患的内在表现形式主要分为三大类：①生物性危害，病菌、霉菌、病毒、寄生虫等；②化学性危害，天然毒素、重金属、农业投入品残留、洗涤剂和消毒剂残留、非法添加物等；③物理性危害，碎石头、碎玻璃、铁屑、木屑、头发、碎骨头、蟑螂等昆虫的残体以及其他可见的异物等。

（2）食品安全风险隐患排查的意义

食品安全风险隐患排查，就是结合风险隐患线索来源，通过查看现场、调阅材料、搜集信息、询问了解、质量监测等方式，发现食品安全潜在风险隐患的过程。

食品安全风险隐患治理，就是以食品安全风险隐患排查获取的风险信息为基础进行分析研判，确定隐患危害程度、涉及面，并对风险实施整改消除。

开展食品安全隐患排查和治理，可有效地将各类风险隐患消除在萌芽阶段，切实做到早发现、早防范、早处置、早治理，有效防范和遏制食品安全事故，守住不发生区域性、系统性食品安全风险的底线。

鼓励有条件的乡镇引入市场化管理，通过政府购买服务的方式，尝试引入第三方机构对食品安全风险隐患排查工作实行社会化管理。

（3）食品安全风险隐患线索的来源

食品安全风险隐患线索来源一般包括：各有关部门日常检查中发现的风险隐患信息情况，部门监督抽检、风险监测和食品快检中发现的风险隐患信息情况；受理举报投诉及上级交办、部门转办等事项中反映的风险隐患信息情况；公共媒体、社会舆情监测中发现的风险隐患信息情况；其他与民生密切相关的食品安全风险隐患。

（4）食品安全风险隐患排查的对象

食品安全风险隐患排查的对象，按产品类别，可分为食用农产品、食品、食品添加剂、食品相关产品、农业投入品；按环节，可分为食用农产品种植养殖、食品生产加工、食品销售、餐饮服务。

（5）食品安全风险隐患排查的流程

食品安全风险隐患排查的流程见图 2-2。

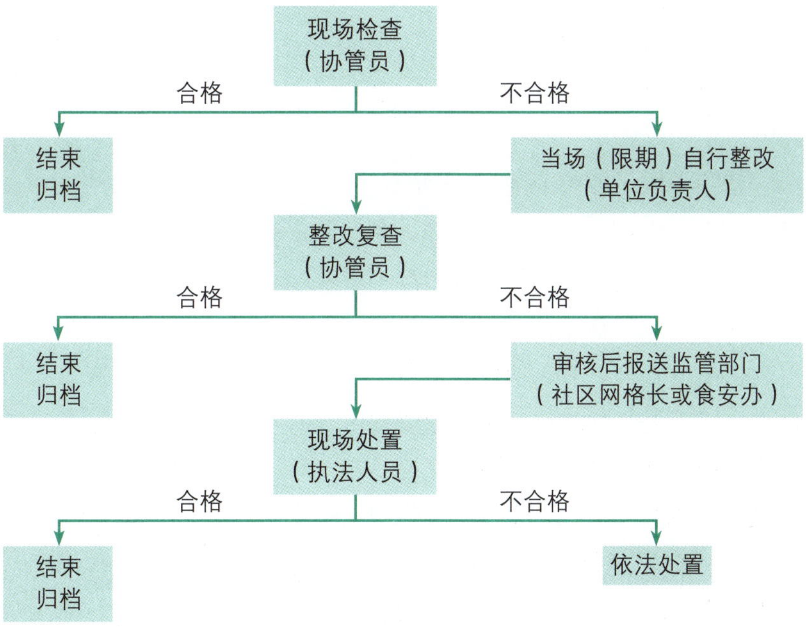

图 2-2　协管员开展食品安全风险隐患排查的流程

2. 风险隐患排查工作要点

（1）食用农产品种植养殖环节的风险隐患排查

重点对农药、兽药、肥料、饲料和饲料添加剂等农业投入品使用情况进行检查，严防使用禁用药物和有毒有害物质。一是以种植环节禁用农药为重点，开展农药专项检查。二是以养殖环节禁用兽药为重点，检查畜禽养殖使用瘦肉精（盐酸克仑特罗、沙丁胺醇、莱克多巴胺等）、禁用兽药和苏丹红等化学物质的行为，重点检查生产销售饲料、浓缩饲料、蛋白饲料和宠物饲料的企业；整顿和规范兽药经营秩序，坚决打击非法生产销售和使用兽药产品行为。三是突出抓好水产养殖用药检查。重点检查水产品养殖过程使用氯霉素、硝基呋喃、孔雀石绿、己烯雌酚、环丙沙星、磺胺类、红霉素等禁限用药物行为。检查水产养殖户建立生产记录、用药记录、销售记录等生产档案的情况。

（2）食品生产加工环节的风险隐患排查

一是关注高风险食品，例如保健食品以及肉制品、乳制品、白酒、大米、食用植物油、糕点、炒货、大桶水、卤制品、豆制品等大众食品，重点检查企业的原辅材料的进货查验台账、生产加工过程控制，以及出厂检验、滥用食品添加剂和违法添加非食用物质等违法行为。二是关注食品小作坊，重点检查食品小作坊不规范生产行为、制假行为，使用非食品原料、滥用食品添加剂和其他违法行为。

风险隐患排查内容可参考《市场监管总局办公厅关于印发食品生产经营监督检查有关表格的通知》（市监食生发〔2022〕18 号）中的“表 1-1 食品生产监督检查要点表”。

（3）食品销售环节的风险隐患排查

一是关注重点品种，要以消费者投诉举报较多和与人民群众生活密切相关的食品品种为重点，突出抓好销售保健食品、乳制品、肉及肉制品、米面制品、饮料、糕点、干果、儿童食品、老年食品、膨化食品、冷冻食品、卤制品、豆制品等品种以及超市自制食品的专项执法检查，严厉打击销售过期霉变食品、感官性状异常食品、“三无”食品及不按规定要求贮存等违法违规行为，切实解决人民群众反映强烈的问题。二是关注重点区域，以学校及其周边、城乡接合部、旅游景区、车站、农村集市、食品批发配送单位为重点，依法抓好小食品店、小摊点、小餐饮的检查。三是关注重点时段，以元旦、春节、中秋、国庆、夏季高温、春秋季开学、重大活动等为重点时段开展重点对象专项排查，及时消除各环节食品安全风险隐患。

风险隐患排查内容可参考国家市场监管总局《食品销售安全监督检查指南》（市监食经〔2019〕70 号），以及《市场监管总局办公厅关于印发食品生产经营监督检查有关表格的通知》（市监食生发〔2022〕18 号）中的“表 1-2 食品销售监督检查要点表”。

（4）餐饮服务环节的风险隐患排查

重点检查以下问题：未经许可或备案从事餐饮服务活动，从业人员未取得健康合格证明上岗，从业人员个人卫生不符合要求，未按要求进行食品采购索证索票，经营使用国家明令禁止的食品和食品原料，未按规定要求对食品加工经营过程进行控制，未按要求进行食物留样、经营使用无标签标识或标签标识不符合规定的食品和食品原料。

对于食品生产经营的各个环节的风险隐患排查，在基本条件方面，应特别关注环境设施、生产经营资质、制度建设、人员卫生 4 个方面；在过程控制方面，应特别关注原料控制（溯源索证索票，保证产品质量，便于追溯）、加工控制（防止污染）、出厂检验、全流程记录 4 个方面。

风险隐患排查内容可参考《市场监管总局办公厅吴于印发<餐饮服务食品安全监督检查操作指南>的通知》（市监食经〔2019〕65 号），以及《市场监管总局办公厅关于印发食品生产经营监督检查有关表格的通知》（市监食生发〔2022〕18 号）中的“表 1-3 餐饮服务监督检查要点表”。

本手册第三篇中的“食品安全风险隐患排查工作参考文本”列出了以上各环节食品安全风险隐患排查的简要清单。

（5）企业主体责任落实情况的排查

重点检查关注是否按照国家市场监管总局《企业落实食品安全主体责任监督管理规定》（国家市场监管总局 2022 年 60 号令）要求，配好“三类人”（企业主要负责人、食品安全总监、食品安全员）、做好“三件事”（日管控、周排查、月调度）、记好“三本账”（《每日食品安全检查记录》《每周食品安全排查治理报告》《每月食品安全调度会议纪要》），严格按照法律法规从事生产经营活动，采取扎实举措落实好食品安全主体责任。

二、食品安全治理专项行动

1. 专项行动的内容和特点

食品安全治理专项行动，包括联合检查和专项整治等，是指对特定食品（如高风险食品、本地区特色食品、舆情热点或焦点食品），或特定时段（例如节假日、学校开学时间、夏季高温），或特定区域（如学校周边、城乡接合部、农村区域）开展的有针对性的专项检查或专项治理工作。

专项行动一般由主管部门单独或牵头联合多个部门在较短的时间或一个时段内从重、从快地对特定事项进行监督检查、执法处罚。或根据整治要求或工作需要（如跨部门、跨领域）由乡镇（街道）食安办牵头协调组织多个部门开展联合专项行动。开展专项行动这一手段措施，往往是对具有重大社会影响的区域性、系统性或突发性食品安全问题进行集中治理，通过飓风式的专项行动轰轰烈烈地开展进行，能够在短时间内取得良好的社会治理效果。

专项行动具有针对性高、投入大、时间短、见效快、震慑力强等特点，对于整治某类突出食品安全问题，打压违法犯罪空间，净化市场秩序有着特殊作用。同时，如果在专项整治当中，注重以打击促防范、以整治促监管、以短期促长效，那么能够更加有效地减少和遏制该类违法犯罪行为的发生，从而达到有效建立健全食品安全长效监管机制的行动目的。

2. 专项行动的组织和实施

组织食品安全专项行动是各级食安办和相关监管部门日常工作的重要组成部分。要做好专项行动工作应把握好以下几方面。

（1）明确专项行动方案的内容

①明确指导思想和工作目标。在目标设定上，要实事求是，切合当地实际，并确保经过努力基本能够完成预定目标。

②明确领导机构和工作进程。为便于开展工作，可将涉及专项行动相关领域或环节的部门负责人列入领导小组中。在确定专项行动时间的基础上，应根据工作需要大致划分行动的几个阶段，并明确各阶段工作的时间节点，确保各部门工作进度相一致，形成整治合力。

③确定工作重点。要抓住本区域食品安全的突出问题，有针对性地提出整治重点，明确重点行为、重点场所及重点品种，以及采取针对性的整治措施。

④健全督查机制。为确保专项行动不出现走过场的情况，应设计相关工作指标和报表，要求部门定期上报报表和总结，并按照上报情况进行定期督查通报。

⑤善于总结经验。对工作开展过程中发现的好做法、好经验，要及时总结，及时表扬，并创造条件及时推广，使整个行动有效果、有亮点、有经验、可推广。

（2）明确部门职责分工

在开展联合整治专项行动中，应明确各部门在专项行动中的职责。如把专项整治行动按照食用农产品种植养殖环节、食品生产加工环节、销售环节和餐饮服务环节等，进行分工；也可按食品品种，如面制品、豆制品、血制品等食品分类，再进行工作分工。对于分工不明确或职责不清的品种或环节，乡镇（街道）食安办可以在先行沟通协调的基础上将整治任务明确到某一个或几个部门，避免出现监管真空。落实责任分工是协调开展食品安全工作的重要一环，乡镇（街道）食安办应做好先期调研和充分沟通工作，征求各部门意见，汲取各方智慧，避免开展行动后出现部门不配合、不执行、互相推诿等被动情况。

（3）做好相关保障工作

在开展联合整治专项行动中，乡镇（街道）食安办要做好各项保障工作，推动专项行动有力有序开展，并取得预期成效。保障工作应包括以下几方面。

①加强牵头协调。负责制定方案、行动部署、信息收集、督查督办、宣传报道、舆论引导等工作。

②完善协作机制。落实联合执法机制，综合运用行政、法律、经济、舆论等多种手段，加大对食品违法行为的打击力度，形成整治合力。对一些重点领域和突出问题，探索有效监管机制和解决办法。

③强化监督检查。乡镇（街道）食安办要会同有关部门加强联合行动的现场督查指导。适时召开专项行动形势分析会、风险会商会、进展汇报会，组织督查组检查行动进展情况，并加大督办力度。

（4）注重工作分析总结

在专项行动完成后，乡镇（街道）食安办要认真总结工作开展情况，对典型经验归纳积累，对存在的问题进行深入分析，对整治中发现、尚未整治完毕或者容易出现“反弹”的一些食品安全风险隐患、群众反映强烈的难点问题，要加大综合治理力度，坚持行动收官不收兵。同时，要认真总结提炼整治成果，研究出台相关制度，进一步规范食品生产经营行为，把食品安全问题从运动式整治提升到长效规范的机制上来，确保开展一次专项整治行动规范一个食品行业或领域秩序。

三、末端发力终端见效工作机制

2022 年 9 月 22 日，国务院食安委印发《关于建立健全分层分级精准防控末端发力终端见效工作机制　推动食品安全属地管理责任落地落实的意见》（食安委发〔2022〕7 号），对食品安全属地管理责任作出新规定。推行食品安全包保责任制度，旨在进一步深入贯彻习近平总书记关于食品安全“四个最严”重要指示精神，深化落实《中共中央　国务院关于深化改革加强食品安全工作的意见》和《地方党政领导干部食品安全责任制规定》，不断完善地方党委和政府负总责，主要负责人是第一责任人的食品安全责任制，压紧压实属地管理责任，确保找得到人、查得清事、落得了责，严防严管严控食品安全风险。

1. 建立责任清单

建立健全分层分级、层级对应的包保责任清单制度。镇级食安办将包保领导干部名单、责任清单报本级党委或政府（食安委）确认。村级包保干部名单、责任清单经村两委确认后报乡镇食安办[见本手册第三篇“乡镇（街道）食品安全包保工作参考文本”中的“包保责任清单”]。包保干部因工作调整、人事变动等原因需要更换的，须在调整变动后 5 个工作日内重新确定包保干部，建立包保对应关系，并逐级上报备案。

2. 签订责任与任务承诺书

镇、村两级包保干部须分别同本级党委或政府（食安委）和村支部（村委会）主要负责人签订《食品安全责任与任务承诺书》[见本手册第三篇“乡镇（街道）食品安全包保工作参考文本”中的“包保责任与任务承诺书”]，明确包保主体，履职尽责，完成任务。镇、村两级承诺书纸质档案报县、镇级食安办存档备查。承诺书纸质档案要建档保存，保存期限不少于两年。

3. 包保干部开展督导

建立健全“完善安全管理体系、抓好常态化防控、强化应急处置、加强宣传和培训”的任务清单制度[见本手册第三篇“乡镇（街道）食品安全包保工作参考文本”中的“包保任务清单”]，包保干部负责对包保主体开展督导，督导应根据任务清单进行，镇级任务清单 23 项，村级任务清单 18 项。

（1）督导形式

①督导原则上应开展现场督导，按照《食品生产经营风险分级管理办法》确定为高风险的食品生产经营者（如婴幼儿配方乳粉、乳制品、肉制品等生产企业），学校食堂、幼儿园食堂等餐饮单位，必须开展现场督导。

②在包保主体多的地方，对于低风险的食品生产经营者，可通过线上线下相结合，集中汇报、电话询问、视频会议等多种方式开展督导。

③在包保主体相对集中的地方（如食品产业园、餐饮集中区、食品集中交易市场等），可实行集中督导。

（2）督导程序

①各级包保干部每季度须按照任务清单对包保主体至少开展 1 次督导，重要

节假日、重点时段相应增加频次。当包保主体的风险等级升高或发生食品安全事件时，包保干部要靠前办公、现场督导，协调相关部门做好风险防控和应对处置工作。及时在“落实属地责任平台”上填报督导情况。

②督导发现问题的，督促包保主体及时纠正，并通过拍照、录制视频等方式留存证据，可通过“落实属地责任平台”通报属地市场监管部门。

③市场监管部门收到包保干部通报的问题后，应当立即组织现场检查或立案调查，对违法违规行为依法处罚、责令改正。调查处理情况及时上传“落实属地责任平台”，通报包保干部。

④包保干部每年向本级党委政府或村支部（村委会）和上级食安办报告履职情况。

4. 镇级食安委开展督查

镇级食安委应当对村（社区）包保干部履职情况开展督查，把包保干部履职情况纳入食品安全工作评议考核，建立健全督查清单制度[见本手册第三篇“乡镇（街道）食品安全包保工作参考文本”中的“包保督查清单”]，并相应建立督查组。每次督查时，食安办应制定督查方案，包括督查组人员构成、重点督查区域、督查对象、督查清单，报镇级食安委同意。必要时可组织本级食安委成员单位派人参与。督查组按照“四不两直”等方式，督查下级包保干部落实责任清单、任务清单的情况，重点督查是否履职尽责、是否完成任务。督查频次一般每年一次，根据督查结果，镇级食安委对工作不得力、责任不落实的村（社区）包保干部进行警示约谈、限期整改、视情通报，并记入督查工作问题台账、跟进整改情况、验收复核销号。

四、农村集体聚餐食品安全风险防控

1. 相关各方职责

根据《国务院食品安全办关于进一步强化农村集体聚餐食品安全风险防控的指导意见》（食安办〔2015〕22 号）要求，农村集体聚餐管理各方职责如下。

（1）乡镇（街道）政府

对农村集体聚餐食品安全工作负总责，将其列入地方政府食品安全绩效考核指标，将其工作经费纳入同级财政预算，在经费、装备等方面为协管员、信息员开展工作给予保障。

（2）乡镇（街道）食安办

具体负责农村集体聚餐食品安全工作的组织实施，包括建立协管员、信息员队伍，并对其组织开展相关的管理、培训和考核工作；组织开展对农村集体聚餐信息的备案登记、现场指导、信息资料汇总、应急处置等工作；组织开展从业人员备案登记、体检、培训等工作。对单次就餐人数 100 人以上的（或根据各县市区规定）集体聚餐协同属地协管员或监管人员开展现场指导。

（3）行政村（社区）协管员

负责农村集体聚餐备案受理，对单次就餐人数 50 人以上、100 人以下（含 100 人）（或根据各县市区规定）的集体聚餐开展现场指导。负责对流动厨师开展备案登记、督促定期体检，组织流动厨师参加食品安全知识培训，以及农村集体聚餐管理相关信息的汇总上报，配合做好农村集体聚餐环节食品安全事故的应急处置工作。

（4）农村集体聚餐的举办者和承办厨师

农村集体聚餐的举办者和承办厨师是农村集体聚餐食品安全的第一责任人。举办者或承办厨师应当主动申报农村集体聚餐基本情况，承办厨师应严格把好食品安全关。

（5）市场监管分局

明确农村集体聚餐的环境与设施设备、食品采购和贮存、加工过程控制、食品留样、加工制作人员体检和培训等基本要求，协助开展农村集体聚餐食品安全管理业务指导和宣传培训等工作。配合做好人数较多的农村集体聚餐现场指导（“人数较多”的界定根据各县市区规定）。

（6）卫生部门

负责督促医疗机构做好食物中毒救治和相关信息报告工作，会同市场监督管理等部门加强对农村集体聚餐食品安全风险的监测；疾病预防控制机构负责对事故现场进行卫生处理，并对与事故有关的因素开展流行病学调查。

农村集体聚餐食品安全相关责任主体和各方职责见图 2-3。

2. 从业人员管理

（1）加强从业人员健康管理

农村集体聚餐厨师必须每年进行健康检查，取得健康合格证明和具备一定食品安全知识方可承办农村集体聚餐业务。患有痢疾、伤寒、病毒性肝炎（甲型、戊型）等消化道传染病的人员，以及患有活动性肺结核、化脓性或者渗出性皮肤病等有碍食品安全的疾病的人员，不得从事接触直接入口食品的工作。

- 农村集体聚餐食品安全责任主体
  - 乡镇（街道）政府
    - 对农村集体聚餐食品安全工作负总责
    - 将其列入地方政府食品安全绩效考核指标
    - 为管理工作人提供财物保障
  - 乡镇（街道）食安办
    - 督促指导举办者、承办厨师落实主体责任
    - 安排协管员进行信息收集、情况申报、现场指导
  - 市场监管分局
    - 明确农村集体聚餐基本要求
    - 督促指导农村集体聚餐承办厨师培训
  - 卫生部门
    - 食物中毒救治和相关信息报告工作
    - 对事故现场进行卫生处理并开展流行病学调查
  - 举办者和承办厨师
    - 对农村集体聚餐食品安全负责
    - 承办者或承办厨师主动向所在地行政村（社区）报备

图 2-3　农村集体聚餐食品安全相关责任主体和各方职责

（2）加强从业人员档案管理

建立健全农村集体聚餐从业人员备案登记档案。督促从业人员定期参加当地举办的食品安全业务培训并做好记录。加强从业人员诚信体系建设，推动建立农村集体聚餐流动厨师“黑名单”制度，将无健康证明、不服从现场指导的或对发生较大以上食品安全事故负有直接责任的农村流动厨师纳入“黑名单”管理。

（3）强化从业人员责任意识

举办者或承办厨师在举办前应当主动申报农村集体聚餐的事由、范围、时限、内容、食材进货来源等基本情况，接受、配合协管员开展现场指导，对协管员提出的整改建议主动落实整改。农村集体聚餐承办厨师应落实保障食品安全的措施，规范食品采购、运输、贮存和加工制作行为，全程严格把好食品安全关。举办者选择承办厨师时，应当查验其相关从业人员的健康证明和培训证明，不雇用无健康证明或对发生食品安全事故负有直接责任的人员承办农村集体聚餐活动，对承办厨师的食品安全状况、问题和隐患进行自检自查，并全程督促承办厨师规范食品加工行为。

3. 报告与备案

各地要结合实际建立农村集体聚餐的报告与备案制度，明确农村集体聚餐报

告备案的范围、时限、内容等要求。

农村集体聚餐举办者和承办厨师应自觉履行报告义务，按照制度要求在举办前主动报告备案。按照目前大多数地方的要求，单次就餐人数 50 人以上的农村集体聚餐活动应进行备案。聚餐举办者或承办厨师应提前 3 天将举办者姓名、事由、时间、餐次、地址、参加人数、菜单、承办厨师、食材进货来源等内容向行政村（社区）进行备案，并签订《农村集体聚餐食品安全风险防范承诺书》。申报地有传染病正在流行的，地方政府应禁止举办农村集体聚餐。

食品安全协管员应当及时将报告备案信息报告辖区行政村（社区）组织和乡镇（街道）食安办，并对报告备案的农村集体聚餐举办者和承办厨师进行食品安全风险提示，发放相关食品安全宣传资料，督促签订食品安全承诺书。

4. 现场督促指导

乡镇（街道）食安办根据实际情况，安排协管员或相关部门人员对农村集体聚餐进行指导。现场督促指导主要是督促指导农村集体聚餐举办者、承办厨师严把环境设施关（基本卫生条件关）、原辅材料采购使用关、过程控制关（加工过程规范操作关）和从业人员健康关等（表 2-1）。指导人员要做好农村集体聚餐的事前现场评估，对现场评估中发现的食品安全隐患提出整改意见，指导整改；对整改后仍达不到要求的，劝诫其停办农村集体聚餐活动。指导方式可采取现场指导或远程视频指导等方式。

根据农村集体聚餐规模，实行分类指导。原则上，行政村（社区）协管员负责做好农村集体聚餐承办厨师登记备案、健康体检、信息更新以及农村集体聚餐申报备案受理和单次就餐 50 人以上、100 人以下（含 100 人）的农村集体聚餐指导工作。乡镇（街道）食安办工作人员，负责做好农村集体聚餐承办厨师登记备案信息汇总、农村集体聚餐管理和信息汇总上报工作，以及单次就餐 100 人以上的农村集体聚餐指导工作，并对行政村（社区）农村集体聚餐管理工作开展日常抽查和考核（分类标准也可根据各县市区具体规定）。

表 2-1　农村集体聚餐存在的主要风险点

项目	内容
经营范围	加工制作生食类、冷食类食品
环境设施	环境卫生不良，未远离污染源
	用水不符合生活饮用水卫生标准
	防蝇防尘设施不完备

续表

项目	内容
原料管理	采购、使用或贮存腐败变质、过期、“三无”、感官性状异常等不符合食品安全标准的食品及原料、食品添加剂；使用亚硝酸盐、河豚和有毒蘑菇等禁用或慎用原料和添加剂；食材或食品添加剂未按照要求进行贮存；直接使用外购冷盘菜等
过程控制	加工制作过程不规范，过早制作凉菜类菜品，热菜未烧熟煮透
	生熟未分开，存在交叉污染风险
	自制餐饮具未清洗消毒或清洗消毒不彻底，使用无正规来源的一次性餐饮具或集中消毒餐具
	10 桌以上未留样或留样不规范
人员管理	从事接触直接入口食品操作人员无健康证或患有有碍食品安全的疾病

5. 固定经营场所引导

积极推进农村集体聚餐进入固定场所。有条件的乡镇（街道）可根据实际，设立农村集体聚餐相对固定的操办场所；在集中居住区和居民小区建设过程中，倡导配套建设农村集体聚餐操办场所；在相对固定的操办场所配备符合食品贮存要求的冷冻冷藏设施以及清洗、消毒、食品留样等基本设施设备。鼓励、支持具备条件的单位或个人为农村集体聚餐提供操办场所；鼓励证照齐全、具有一定管理水平的餐饮服务单位组织专门班子承办农村集体聚餐活动。

6. 事故报告和应急处置

参加农村集体聚餐人员如出现恶心、呕吐、腹痛、腹泻等不良反应，疑似食物中毒以及其他食品安全事故时，首先得到信息的聚餐举办者、承办厨师等应立即将患者送往医疗机构救治并同时向村（社区）报告，保留病人呕吐及腹泻物，保护好现场，配合相关部门开展调查处置。得到事故信息的村（社区）协管员、医疗机构以及其他负有食品安全事故信息报告义务的单位和个人应立即向事故发生地的乡镇（街道）食安办报告，乡镇（街道）食安办接到报告后应立即向当地政府、食品安全监管部门和卫生行政部门报告，情况紧急的可以越级上报。

接到报告后，各单位要按照当地食品安全应急预案管理要求，迅速采取控制措施，积极开展病人救治，依法依职能开展事故调查和处理工作，并要按照有关要求及时上报事故信息。

第二章　协助执法工作

一、“三小”食品安全治理

1.“三小”的一般定义

通常我们所说的“三小”食品一般指食品小作坊、食品摊贩和小餐饮三种业态的简称。“三小”食品生产经营户的存在是一个极其复杂的社会问题，有历史形成的原因和经济基础的原因，由于其业态数量较多、分布广密、服务距离近、售卖快捷价廉等特点，目前仍为广大群众饮食消费的主渠道之一，但也是各级食品安全监管部门日常监管的难点之一。

食品小作坊，主要是指具有固定生产加工场所、生产规模较小、从业人员较少、生产条件简单、从事散装或者简易包装食品生产加工活动的食品生产经营者，但不包括食用农产品生产者。

食品摊贩，是指不在固定经营店铺从事食品销售或者现场制售的食品经营者，不包括销售食用农产品的摊贩。

小餐饮，是指具有合法的固定经营场所、经营场所使用面积 60 平方米以下、经营规模较小、经营条件简单、从事餐饮服务的食品经营者，但是不包括单位食堂和餐饮连锁企业分支机构。

2.“三小”的主要特点

①数量众多、分布广泛。目前，各地的食品生产小作坊、早夜集市、食品摊贩、农村小餐饮集中区、小饭桌、民俗旅游经营户等多种食品生产经营形式，广泛分布在城乡街巷。这些食品经营形式门槛低、投资少、服务便捷，有助于群众创业就业，继承和创新传统特色饮食文化，丰富当地群众生活。

②生产经营条件较差。这些生产经营形式门槛低、环境差、设施和设备简陋，生产经营条件较差。

③食品安全保障能力较低。从业人员年龄、文化程度差别较大，普遍缺少系统的专业培训，很多不具备最基本的食品安全专业知识，原料采购和生产过程控制不够严格，食品安全主体责任意识薄弱，不具备相应的食品安全管理能力和保

障能力。

④经济赔偿能力较弱。食品生产经营“三小”业态经济赔偿能力较弱，发生食品安全事故后，往往无力赔偿受害者，产生较大的社会问题，影响社会稳定。此外，因违法经营导致的行政法律责任承受力较低，行政法律责任对其威慑力较小，行业规范约束性不强。

食品生产经营“三小”呈现多、小、散、乱、差等特点，食品安全问题相对突出、隐患较多、管理难度较大，极易引发食品安全事故。对食品生产经营“三小”的管理，是食品安全领域的一个难题，但又不是一个单纯的食品安全问题，其与劳动就业、社会稳定、城市秩序、民俗风情，甚至民族宗教等方面都有密切的联系。

3. 对“三小”的食品安全治理

县（市、区）级以上人民政府对本行政区域内的食品安全监督管理工作负责，统一领导、组织、协调本行政区域内“三小”食品的监督管理工作，对食品安全监督管理工作进行评议、考核。各级政府食安委及其办公室对“三小”等管理工作进行综合协调、监督指导，提出相关政策措施，督促落实食品安全监督管理责任。

乡镇人民政府、街道办事处应当安排人员，做好本行政区域内“三小”的安全隐患排查、信息报告工作、宣传引导工作，协助食品监督管理部门做好本行政区域内“三小”的监督管理工作。

村（居）民委员会应当协助有关部门、乡镇人民政府、街道办事处做好“三小”的食品安全管理工作。

“三小”业态不得有下列行为：

①使用非食品原料生产食品或者在食品中添加食品添加剂以外的化学物质和其他可能危害人体健康的物质，或者使用回收食品生产加工食品；使用法律、法规禁止食用的野生动物及其制品制作食品。

②生产经营致病性微生物，农药残留、兽药残留、生物毒素、重金属等污染物质以及其他危害人体健康的物质含量超过食品安全标准限量的食品。

③生产经营腐败变质、油脂酸败、霉变生虫、污秽不洁、混有异物、掺假掺杂或者感官性状异常的食品。

④使用未经检疫或者检疫不合格的肉类制作食品，或者使用未经检验或者检验不合格的肉类制品制作食品。

⑤使用病死、毒死或者死因不明的禽、畜、水产动物肉类及其制品制作食品。

⑥使用以餐厨废弃物、废弃油脂为原料加工制作食用油或者以此类油脂为原料生产加工食品。

⑦使用超过保质期的食品原料、食品添加剂生产加工食品，或者经营超过保质期的食品。

⑧使用不符合食品安全标准的原料、食品添加剂和食品相关产品，或者超范围、超限量使用食品添加剂。

⑨其他违反食品安全法律、法规的行为。

二、食品小作坊管理

1. 食品小作坊管理相关各方职责

根据《江苏省食品小作坊和食品摊贩管理条例》（2016 年 3 月 30 日江苏省第十二届人民代表大会常务委员会第二十二次会议通过，根据 2021 年 5 月 27 日江苏省第十三届人民代表大会常务委员会第二十三次会议《关于修改〈江苏省老年人权益保障条例〉等九件地方性法规的决定》修正）规定，食品小作坊管理的主要部门及其主要职责如图 2-4 所示。

县级以上政府：统一领导、组织、协调食品小作坊的监督管理工作。

市场监管部门：负责食品小作坊发证征询意见、材料审核、现场核查、登记发证，应当采取重点检查与随机抽取被检查对象、随机选派检查人员抽查相结合的方式，对食品小作坊进行监督抽查。

乡镇（街道）政府：负责回复食品小作坊发证征询意见，协助有关部门开展食品小作坊日常管理。

村（居）委会：协助做好食品小作坊日常管理工作。

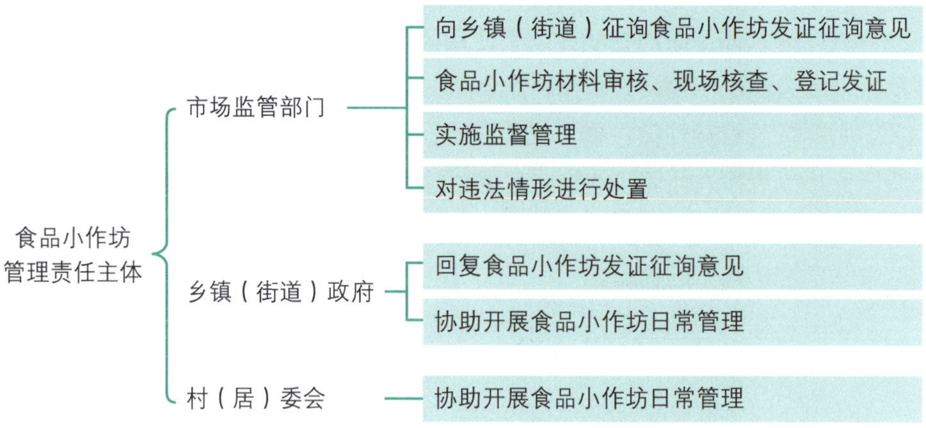

图 2-4　食品小作坊管理相关责任主体和各方职责

2. 食品小作坊食品安全管理

食品小作坊的管理，参照《江苏省食品小作坊和食品摊贩管理条例》和各设区市制定的食品小作坊登记证申领办法或各县（市、区）制定的申领办法等执行。

食品小作坊的食品安全管理，依据食品安全法律法规规章、政策文件以及江苏省地方标准 DBS 32/013—2017《食品安全地方标准食品小作坊卫生规范》。

食品小作坊从事食品生产加工活动，应当符合以下要求。

（1）加工场所及设施设备基本要求

生产加工区和生活区按照保障食品安全的要求相隔离。

生产加工设施、设备和生产流程符合食品安全要求和条件。

具有与生产加工食品相适应的冷冻冷藏、防尘、防蝇、防鼠、防虫的设施。

贮存、运输和装卸食品的容器、工具和设备应当安全、无害，保持清洁，防止污染，并符合保证食品安全所需的温度、湿度等特殊要求，不得将食品与有毒、有害物品一同贮存、运输。

生产加工场所不得存放有毒、有害物品及个人生活物品。

（2）食品原辅材料基本要求

应采购或者使用符合食品安全标准要求的食品原料、食品添加剂和食品相关产品，并履行进货查验义务。及时清理超过保质期或者变质的食品及其原料、食品添加剂，用水符合国家规定的生活饮用水卫生标准。

待加工食品与直接入口食品、原料、成品分开存放，避免食品接触有毒物、不洁物。

（3）生产过程基本要求

应根据产品和工艺特点明确关键控制环节，并对相应的容器、工具、设备和环境实施清洁消毒以降低微生物污染的风险。

各加工环节和过程应严格执行清洗剂、消毒剂、杀虫剂等化学品管理要求，应按照说明书的要求使用化学品，并在加工前彻底清除，避免对食品及加工容器、工具和设备造成污染。使用的洗涤剂、消毒剂等清洗消毒产品对人体安全、无害。

食品添加剂的称量应使用符合精度要求的称量工具，应记录食品添加剂的使用量。

（4）产品检验

食品小作坊生产加工的食品，应当在出厂前进行检验。食品小作坊可以自行对食品进行检验，也可以委托符合国家规定的食品检验机构进行检验。

（5）产品标签标识

食品小作坊生产加工散装食品的，应当在盛放该食品的容器上采用贴标或者挂牌等方式标明食品的名称、生产日期、保质期、贮存条件等信息；有包装的，还应当在包装上标明食品小作坊的名称、地址、联系方式、登记证编号、成分或者配料表等。

（6）人员健康管理

食品小作坊从事接触直接入口食品工作的食品生产经营人员应当按规定进行健康检查，持有有效健康证明。应当在生产经营场所明显位置张挂登记证和从业人员有效的健康证明，接受社会监督。

食品小作坊从事食品生产加工活动，除前文介绍的“三小”禁止行为外，还应注意不得有下列行为。

①不得超出登记的食品品种范围和包装形式生产加工食品。

②不得伪造、变造、冒用食品小作坊登记证、产品包装、标签标识或者其他证明材料生产加工食品。

③不得接受食品生产企业和其他食品小作坊的委托生产加工或者分装食品。

④禁止生产加工乳制品、罐头制品、用勾兑工艺生产的酒类、保健食品、特殊医学用途配方食品、婴幼儿配方食品和其他专供特定人群的主辅食品，以及国家和省规定的禁止生产加工的其他食品。

三、食品摊贩管理

1. 食品摊贩管理相关各方职责

根据《江苏省食品小作坊和食品摊贩管理条例》规定，食品摊贩管理的主要部门及其主要职责如图 2-5 所示。

县级以上政府：统一领导、组织、协调食品摊贩的监督管理工作。

市场监管部门：负责食品摊贩的监督管理。

乡镇（街道）政府：负责食品摊贩实行备案管理、发放信息公示卡，划定食品摊贩经营区域和确定经营时段，协助有关部门开展食品摊贩日常管理。

村（居）委会：协助做好食品摊贩日常管理工作。

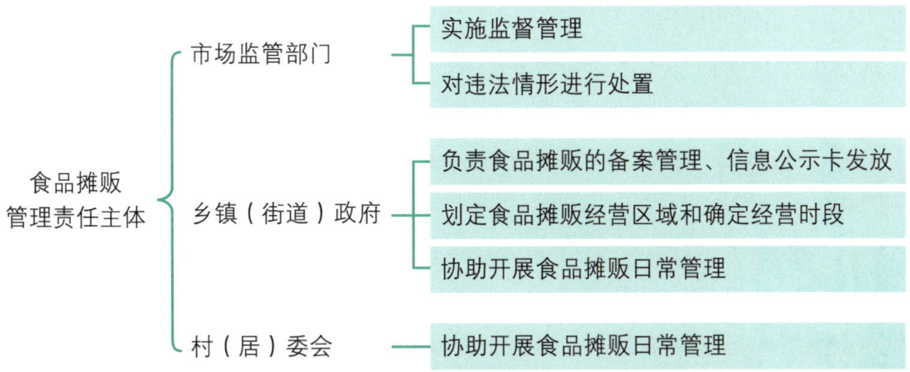

图 2-5　食品摊贩管理相关责任主体和各方职责

2. 食品摊贩备案管理和信息公示卡发放

对食品摊贩的管理，参照各设区市颁布的《食品摊贩备案管理工作指南》等文件执行。

（1）划定食品摊贩经营区域

县级人民政府和乡镇人民政府、街道办事处应当根据实际需要，按照方便群众、合理布局的原则，在征求社会公众意见后，划定食品摊贩经营区域，确定经营时段，并向社会公布。幼儿园、中小学学校周边应划定食品摊贩禁止经营区域，具体禁止经营区域由设区市和县（市、区）人民政府划定并向社会公布。

（2）食品摊贩备案申请

食品摊贩备案应当向所在地乡镇人民政府、街道办事处提供以下资料，并对资料的合法性、真实性负责：食品摊贩备案信息登记表；经营者身份证复印件、住址、联系方式、经营品种；从业人员健康证明复印件。

（3）食品摊贩信息公示卡发放

对备案资料齐全的，乡镇人民政府、街道办事处应当场根据备案信息制作并发放食品摊贩信息公示卡；对备案资料不全的，应当场一次性告知备案所需全部资料。

（4）经营品种的登记

经营品种信息应当概括标注食品摊贩所经营的食品项目和经营方式，并注明“不含法律法规禁止经营的品种”。对于经营品种较多或难以概括标示的，应按风险程度由高到低的主要食品品种进行备案登记。

（5）信息公示卡登载的内容

食品摊贩信息公示卡应载明食品摊贩的姓名、经营品种、经营区域、经营时段等信息，并统一编号。编号方式为：××县（××镇）食摊备案〔年份〕第××××号，并加盖“××乡镇人民政府（街道办事处）食品摊贩备案专用章”或“××乡镇人民政府（街道办事处）食安办”印章。

（6）信息公示卡的变更、延续和补办

信息公示卡载明的事项发生变化的，食品摊贩应当在变化前 7 个工作日内向有管辖权的备案机构重新申请备案，并向原备案机构交回信息公示卡。食品摊贩有效期届满需要延续信息公示卡的，应当在有效期届满前 30 日内，持原信息公示卡向备案机构重新申请备案。信息公示卡遗失、损坏的，应当向原备案机构申请补办，补发的信息公示卡编号、有效期、发证日期不变。

（7）食品摊贩备案信息通报

乡镇人民政府、街道办事处应在发放食品摊贩信息公示卡之日起 3 日内将食品摊贩备案信息通过《食品摊贩备案信息一览表》通报所在地县级食品安全监督管理、城市管理行政执法部门，同时通报给乡镇人民政府、街道办事处属地相关部门。

食品摊贩备案管理工作中涉及的食品摊贩备案信息登记表、食品摊贩经营食品安全承诺书、食品摊贩信息公示卡、食品摊贩备案信息一览表，见本手册第三篇中的“食品摊贩备案管理参考文本”。

3. 食品摊贩经营区域和经营时段的划定

与食品生产、销售、餐饮消费环节不同，食品摊贩经营场所的设置没有明确统一的标准。

县级人民政府城市管理部门和乡镇人民政府、街道办事处负责划定或者指定食品摊贩的场所、区域、地点和经营时段。在划定区域外，乡镇人民政府、街道办事处根据群众需求，在不影响安全、交通、市容环保等情况下，可以在城市非主干道两侧临时指定一定路段、时段供食品摊贩经营。鼓励采取提升改造、联合经营等方式改进食品摊贩经营水平；鼓励、支持建设食品摊贩集中区或疏导区；鼓励建设特色食品街区，为食品摊贩经营提供统一摊位，并提供水、电、垃圾处理等便利；鼓励、支持食品生产经营企业发展集中生产、统一配送、定点定时、连锁经营的饮食供应模式。同时应注意以下几方面。

（1）调查摸底

划定摊贩场所、确定经营时段前，要对辖区内食品摊贩情况进行深入细致的调查摸底，详细了解掌握摊贩的分布数量、分布范围、经营品种、从业人员基本情况以及群众消费特性，科学合理划定经营场所和确定经营时段。

（2）设置地段

在建设集中区或疏导点的时候，要综合考虑当地环境、消费习惯、人流、交通和农村固定集市等因素，在满足经营需要、方便市民、不影响交通和市容秩序的前提下，因地、因街、因路科学灵活设置各类临时疏导点。对严重影响环境、交通和生活秩序的摊点要予以调整或取缔；对多年来自然形成的马路市场要重新梳理；以“限人员、限地域、限时间、限品种”为前提，在人流量大、条件好的地段设置摊点集市；选择一些闲置场地和村中空地，设立时令蔬菜和瓜果自产自销市场。

（3）注重外观

鉴于集中区或疏导点存在的长期性和周边人流的密集性，应把疏导点作为乡镇（街道）人口集聚范围的一个重要组成部分，外观设计、功能定位、配套建设等方面既要简洁实用，方便经营，吸引顾客，还要兼顾与周边环境统一协调，卫生洁净。同一区域疏导点的外观要进行统一设置，摊贩区的摊车结构、货架样式、规格尺寸、总体色彩应力求规范整齐，形成统一风格，提高消费者对疏导点的识别度。同时疏导点的设计也应结合当地文化特色，美观大方，把各类疏导点建设成为当地一道亮丽的风景线。

（4）健全制度

集中区或疏导点建成后，要按照“统一、规范、便民”的设置要求，制定明确的管理细则，对集中区或疏导点的摆放要求、设摊时间等作出明确的规定。如摆放要求方面，要规定统一挂牌画线，指定摊位区域，注明经营范围、经营时间、管理单位、责任人姓名、监督电话等内容，便于群众监督。商户要在指定区域内按要求经营，不准超越界线摆摊设点，达到摆放有序、整齐划一。同时，还要确定经营时间，如便民服务点早上可设为 5 点—9 点，中午可设为 10 点—13 点，晚上可设为 17 点—21 点；晚市收摊时间不迟于当日 23 点。

4. 食品摊贩的食品安全管理

乡镇人民政府、街道办事处应当组织食品安全协管员、信息员队伍，协助市场监督管理、城市管理等部门开展食品摊贩的日常管理，根据本地实际情况开展食品摊贩的安全隐患排查。

发现食品摊贩存在食品安全隐患或者违法生产经营行为的，乡镇人民政府、街道办事处、村民委员会、居民委员会应当及时制止，告知所在地市场监督管理、城市管理行政执法等部门并协助处理。

食品摊贩从事经营活动应当符合食品安全标准，并符合下列要求：

①从事接触直接入口食品工作的从业人员每年进行健康检查，持有有效健康证明。

②具备相应的制售食品的设备、设施以及防尘、防蝇、防鼠、防虫等卫生防护设施。

③使用的食品包装容器、工具和接触食品的售货设施无毒、无害，符合卫生要求。

④使用的洗涤剂、消毒剂等清洗消毒产品对人体安全、无害。

⑤用水符合国家规定的生活饮用水卫生标准。

⑥遵守城市市容和环境卫生管理的相关规定，及时清理场地，保持环境整洁、卫生。

食品摊贩从事食品经营除前文介绍的禁止行为外，还应注意不得有下列行为：

①不得经营生食水产品等生食类食品、裱花蛋糕和用勾兑工艺生产的酒类。

②不得从事网络食品经营。

③不得经营不符合食品安全标准的其他食品。

四、小餐饮管理

1. 小餐饮管理各方职责

根据《江苏省人民代表大会常务委员会关于加强小餐饮管理的决定》（2020年江苏省人大常委会公告第38号）规定，小餐饮管理的主要部门及其职责如下。

市场监管部门：负责小餐饮食品经营活动监督管理。

乡镇（街道）政府：健全安全协管员队伍，将小餐饮纳入网格化社会治理机制，协助有关部门开展小餐饮日常安全管理和联合执法。

村（居）委会：协助做好小餐饮管理有关工作。

2. 小餐饮的备案

2020年8月，江苏省第十三届人民代表大会常务委员会第十七次会议通过了《江苏省人民代表大会常务委员会关于加强小餐饮管理的决定》，对小餐饮经营行为进行了规范，小餐饮应当依法取得营业执照，并对经营场所的真实性、合法性、安全性作出书面承诺。小餐饮实行备案管理，应当向属地市场监督管理部门备案取得小餐饮信息公示卡。持有小餐饮信息公示卡并标注网络经营的小餐饮，可以从事网络餐饮服务。

小餐饮备案适用于具有合法的固定经营场所、经营场所使用面积60平方米以下、经营规模较小、经营条件简单，从事餐饮服务的食品经营者。

市场监督管理部门办理小餐饮营业执照时应一并实施小餐饮备案。备案时，小餐饮经营者需提供《小餐饮备案表》及《小餐饮备案承诺书》，并对提交材料的真实性、合法性负责。小餐饮经营者在取得小餐饮信息公示卡后，需在经营场所醒目位置设置食品安全信息公示栏，公示备案信息公示卡、承诺书、食品从业人员健康证明和监督检查结果等信息。

3. 小餐饮食品安全管理

（1）小餐饮食品安全基本条件

①经营场所与开放式粪坑、污水池、暴露垃圾场（站）、旱厕等污染源直线距离在 25 米以上，不得兼用于日常生活。经营场所内无圈养、宰杀活的禽畜类动物的区域。

②场所内配备与供应食品品种相适应的加工、防尘、防蝇、防鼠等设施设备，布局合理，避免交叉污染。

③地面、墙壁、天花板应采用不易积垢的耐用材料。地面应不透水、易于清洗、防滑，有排水系统。墙壁应有 1.5 米以上不吸水、浅色、易清洗的墙裙。门窗应采用易清洗、不吸水的耐用材料，可开启的窗应设易于拆洗的防蝇纱网。

④厨房内不得设置厕所。经营场所其他区域设置厕所的，应在出口附近设置洗手设施。

⑤厨房内至少应设原料清洗水池 1 个，餐具、工用具清洗水池 1 个（采用化学消毒的，需增加 1 个水池或者配备消毒浸泡容器）。经营场所内或附近方便使用的位置有专用于拖把清洗水池。各类水池应以明显标识标明其用途。消毒方式首选采用热力消毒方法。采用消毒柜消毒的，其容量应与餐饮具用量匹配。

⑥配备分别有冷冻室、冷藏室的冰箱，存放生熟食品的冰箱、冰室有明显区分标识。

⑦生熟食品存放区域分开，用于生熟食品的容器和工用具应当有明显的区分标识。非食品存放场所与食品分开。

⑧经营场所应配备垃圾和餐厨废弃物桶，垃圾桶和餐厨废弃物桶应配有盖子，内壁光滑、坚固、不透水。

⑨制作冷食类食品有相应的专间或专用操作区，入口处有洗手、手消毒设施，内无明沟，地漏带水封，有空调、工具清洗消毒、专用冷冻（藏）等设施，配备专用加工工具，设施与加工食品的数量相匹配，运转正常。

⑩食品制作用水符合国家规定的生活饮用水卫生标准。

（2）小餐饮经营应符合的要求

小餐饮从事经营活动应当符合食品安全标准，并符合下列要求。

①保持环境卫生整洁，配备有效的加工、冷藏、洗涤、消毒、防尘、防蝇、防鼠等设施。

②具有合理的设备布局，待加工食品与直接入口食品、原料与成品分开存放，避免交叉污染。

③从业人员持有有效健康证明，保持个人卫生。

④查验供货者的许可证和食品出厂检验合格证或者其他合格证明，记录或者留存相关信息，保证食品来源可追溯。

⑤使用无毒、无害、清洁的食品包装材料、容器和售货工具，不得使用未经清洗消毒等不符合食品安全要求的餐具饮具，不得重复使用一次性餐具饮具。

⑥用水应当符合国家规定的生活饮用水卫生标准。

⑦使用的洗涤剂、消毒剂应当对人体安全、无害。

⑧法律、法规规定的其他要求。

（3）小餐饮经营注意事项

小餐饮经营除前文介绍的“三小”禁止行为外，还应注意不得经营生食类食品、自制裱花类蛋糕、自制以生鲜乳为原料的饮品。

五、食品安全事故应急管理

1. 应急管理

食品安全应急管理，主要是针对食品安全事故进行预防、应对、恢复的过程。

食品安全事故，指食物中毒、食源性疾病、食品污染等源于食品，对人体健康有危害或者可能有危害的事故。

根据《江苏省食品安全事故应急预案》（苏政办函〔2019〕99号），将食品安全事故共分四级，即特别重大食品安全事故（Ⅰ级）、重大食品安全事故（Ⅱ级）、较大食品安全事故（Ⅲ级）和一般食品安全事故（Ⅳ级）（表2-2）。

表 2-2　食品安全事故等级与界定标准

事故等级	界定标准
特别重大食品安全事故（Ⅰ级）	①事故影响范围涉及2个以上省份或国（境）外（含港澳台地区），造成特别严重健康损害后果的；或经评估认为事故危害特别严重的； ②一起食品安全事故出现30人以上死亡的； ③国务院认定的其他特别重大级别食品安全事故

续表

事故等级	界定标准
重大食品安全事故（Ⅱ级）	①事故影响范围涉及 2 个以上设区市，造成或经评估认为可能造成对社会公众健康产生严重损害的食品安全事故； ②发现在我国首次出现的新的污染物引起的食品安全事故，造成严重健康损害后果，并有扩散趋势的； ③一起食品安全事故造成健康损害人数在 100 人以上并出现死亡病例；或出现 10 人以上、30 人以下死亡的； ④省级人民政府认定的其他重大级别食品安全事故
较大食品安全事故（Ⅲ级）	①事故影响范围涉及 2 个以上县（市、区），已造成严重健康损害后果的； ②一起食品安全事故造成健康损害人数在 100 人以上；或出现 10 人以下死亡病例的； ③设区市人民政府认定的其他较大级别食品安全事故
一般食品安全事故（Ⅳ级）	①存在健康损害的污染食品，在一个县（市、区）行政区内已造成严重健康损害后果的； ②一起食品安全事故造成健康损害人数在 30 人以上、100 人以下，且未出现死亡病例的； ③县（市、区）人民政府认定的其他一般级别食品安全事故

注：上述有关数量的表述中，“以上”含本数，“以下”不含本数。

事故等级属于特别重大、重大、较大的食品安全事故，由事故发生地设区市政府成立的市食品安全事故应急指挥部，统一领导指挥的处置工作。市指挥部下设办公室，设在市市场监管局，负责日常工作。较大以上食品安全事故发生后，启动应急响应，市指挥部可设立综合协调组、事故调查组、危害控制组、医疗救治组、监测评估组、维护稳定组、新闻宣传组、专家组 8 个应急工作组，分别开展相关工作。

一般食品安全事故，由事故发生地县（市、区）人民政府、功能区管委会组织成立应急处置指挥机构，统一组织开展本行政区域事故的应急处置工作。有关部门按照职责分工，积极行动，密切配合，共同做好食品安全事故应急处置工作。

此外，对于一般食品安全事故级别（Ⅳ级）以下的食品安全事故，由于波及范围较小、人数较少，国家、省、市层面都未对其有明确定义，我们一般统称为普通食品安全事件（事故）。对于普通食品安全事件（事故），各乡镇（街道）在制定食品安全事故应急预案时，可以参照等级食品安全事故处置程序开展信息上报和处置。

2. 应急预案

为有效预防、积极应对发生的食品安全事故，规范和指导应急处置工作，全面提升处置能力，建立健全应对食品安全事故运行机制，最大限度地减少食品安全事故的危害，保障公众健康与生命安全，维护正常的社会经济秩序和社会稳定。《中华人民共和国食品安全法》要求县级以上地方人民政府应当制定本行政区域的食品安全事故应急预案，食品生产经营企业应当制定食品安全事故处置方案。实际上，目前各乡镇（街道）已经建立了相应的食品安全事故应急预案，但是在预案的规范性、可操作性和预案管理上还有待进一步加强。

各地在完善食品安全事故应急预案的同时，应当建立健全食品安全突发事件应急处置领导小组，明确突发事件的处置程序和各职能部门的工作职责。对可能引发的食品安全突发事件，要做到早发现、早报告、早控制。当食品安全突发事件发生时，各职能部门在各自的职责范围内，应迅速启动应急预案，做到有章可循、规范处置。

3. 应急保障

①要加强综合应急队伍建设。建立一支具有高知识水平、高思想觉悟、高技术技能的应急队伍。通过开展食品安全应急知识培训，宣传贯彻食品质量安全监管知识，增强食品安全监督员、协管员及食品从业人员的食品安全意识，不断提高处置应对突发食品安全事故的应急反应能力。

②完善应急物资保障。根据应急预案处置程序，经费、器材、医疗救治体系等方面要予以有效保障。

③开展食品安全应急演练。通过实战演习演练，检验应急预案的可行性，提高应急救援能力和实战能力，确保一旦发生重大食品安全事故，能够有效组织、快速反应、高效运转。

④建立食品安全信息网络体系。充分利用大数据分析技术，对食品安全抽检监测、投诉举报、舆情监测、事故报告与通报等方面的食品安全信息进行采集、监测和分析。设立信息报告和举报电话，充分发挥食品安全协管员、信息员和志愿者的作用，畅通信息报告渠道，确保食品安全事故信息的及时报告与相关信息的及时收集。

⑤开展食品安全应急知识宣教。通过多渠道加强食品质量知识和食品安全应急工作的宣传，提高人民群众的公共安全意识、自救互救能力和对食品质量安全事故的防范能力。

4. 信息上报

（1）事故信息来源

主要包括：食品安全事故发生单位与引发食品安全事故的生产经营单位报告的信息；医疗机构报告的信息；食品安全相关技术机构监测和分析结果；经核实的公众举报信息；经核实的媒体披露与报道信息。

（2）报告主体和时限

①食品生产经营者发现其生产经营的食品造成或者可能造成公众健康损害的情况和信息，应当在 2 小时内向所在地食品安全委员会办公室和负责本单位食品安全监管工作的有关部门报告。

②医疗机构发现其接收的病人属于食源性疾病病人或者疑似病人的，应当立即将相关信息向所在地县级人民政府卫生健康行政部门报告。卫生健康部门认为与食品安全有关的，应当及时通报市市场监管部门。

③有关监管部门获知食品安全事故或接到食品安全事故报告、举报的，应当立即通报同级市场监督管理部门。

④食品安全相关技术机构、有关社会团体及个人发现食品安全事故相关情况的，应当及时向相关监管部门和县级卫生健康行政部门报告或举报。

⑤发生一般食品安全事故后，事发地乡镇人民政府、街道办事处应在事故发生后 2 小时内报告县级人民政府及市场监督管理部门；发生较大以上食品安全事故后，事发地设区市政府及市市场监管局应在事故发生后 2 小时内报告省人民政府及省市场监管部门。

（3）报告内容

食品生产经营者、医疗、技术机构和社会团体、个人向有关监管部门和卫生健康行政部门报告疑似食品安全事故信息时，应当包括事故发生时间、地点和人数等基本情况。有关监管部门报告食品安全事故信息时，应包括信息来源、事故发生时间、地点、当前状况、危害程度、先期处置措施等要素。

报告食品安全事故信息时，分为初次报告、阶段报告和总结报告。初次报告应包括信息来源、事故发生时间、地点、单位、当前状况、危害程度、先期处置措施等要素。根据事故发展情况可进行多次阶段报告，报告信息主要包括事故进展、发展趋势、后续应对措施、调查详情、原因分析等要素。事故应急处置结束后，应进行信息总结报告，信息总结应包括事故概况、调查处置过程、事故性质、责任认定、追溯或处置结果、整改措施和效果评价等要素。总结报告应在事故处理结束后 7 个工作日内作出。

5. 应急处置原则

（1）以人为本，减少危害

把保障公众健康和生命安全作为应急处置的首要任务，最大限度减少食品安全事故造成的人员伤亡和健康损害。

（2）统一领导，分级负责

按照“统一指挥、综合协调、分类管理、分级负责”的应急管理体制，建立快速反应、协同应对的食品安全事故应急机制。

（3）科学应对，依法处置

有效使用食品安全风险监测、评估和预警等科学手段；充分发挥专业队伍的作用，提高应对食品安全事故的水平和能力。

（4）居安思危，预防为主

坚持预防与应急相结合，做好应急准备，落实各项防范措施；建立健全日常管理制度，加强宣教培训，提高公众自我防范和应对食品安全事故的意识和能力。

6. 应急处置程序

（1）分级响应

初判为较大及其以上食品安全事故的，由设区市食安办向市食安委提出启动Ⅲ级响应的建议，报经市政府批准并宣布启动Ⅰ~Ⅲ级响应。

初判为一般食品安全事故的，由事发地的县（市、区）人民政府、功能区管委会批准并宣布启动Ⅳ级响应。未达到一般事故评估标准的普通食品安全事故，由事发地县（市、区）人民政府、功能区管委会组织有关部门做好应急处置工作，控制事态升级蔓延。事发地乡镇（街道）和有关部门做好应急处置协助工作。

（2）响应措施（一般食品安全事故）

①先期处理。接到报告后，县（市、区）食安办履行县（市、区）应急指挥部办公室职能，立即组织相关部门与事故发生地应急指挥部办公室、相关部门核实情况；同时向县（市、区）政府报告事故基本情况、事态发展和救援进展等，提出启动本级一般食品安全事故应急预案的建议，并指导、部署事故发生地政府开展先期处置。

②启动预案。县（市、区）政府启动本级一般食品安全事故应急预案，组织实施应急处置工作。

③应急处置。应急处置工作小组和有关成员单位立即启动工作，按照职责和县（市、区）应急指挥部部署，组织、协调、落实各项应急措施；指导、督促事

发地相关部门及时有效控制事故，开展应急救援工作，防止事态蔓延扩大。

A.现场控制处理。危害控制组指导县（市、区）级食品安全监管部门对相关生产经营企业的可疑问题食品和原料、工具、场地等依法采取停止生产、销售、使用等紧急控制措施；指导查清问题食品及原料的来源和市场流向，责令生产经营单位召回、下架或销毁问题食品，有效遏制危害扩大。

B.及时组织救治。医疗救治组有效利用医疗资源，组织指导医疗机构开展食品安全事故患者的救治。

C.事故调查处理。事故调查组、检测评估组、县（市、区）疾病预防控制中心根据各自职责，立即赶赴现场开展事故调查（包括流行病学调查），组织实施相关检测，对食品安全事故现场进行卫生学处理；尽快查找事故发生的原因，做出调查结论，提出事故防范措施意见和对相关责任单位、责任人依法处理的建议；根据需要组织相关专家对事件进行研判；对涉嫌犯罪的，公安机关及时介入，开展相关违法犯罪行为侦破工作。

D.追踪来源流向。危害控制组指导县（市、区）食品安全监督管理部门核实问题食品的生产厂家、经销商、生产批号及流向，对已销售的问题食品进行追查并通报有关部门协查。

E.发布预警信息。对需要向社会发布预警时，应及时通过媒体等方式发布预警信息。对于老、弱、病、残、孕等特殊人群以及学校等特殊场所和警报盲区，应当采取有针对性的公告方式。同时要及时向有关部门、毗邻或可能涉及的地区相关部门通报有关情况，提醒做好应对准备。

F.及时引导舆论。新闻宣传组全程关注舆情动态，组织事故处置报告，及时发布信息，加强舆论引导，及时处置不良信息。

未达一般事故标准的普通食品安全事件应急响应措施参照执行。

④信息报告。乡镇（街道）各应急工作小组及有关成员单位应及时将事故变化动态和处置工作进展报县（市、区）应急指挥部办公室。县（市、区）应急指挥部办公室应按照程序及时将事态发展、处置情况向县（市、区）应急指挥部和设区市食安委办报告。

基层食品安全应急工作是一项不断探索和验证的长期性工作，只有注重日常风险隐患排查，强化食品安全全过程监管，不断完善食品安全应急工作机制，才能确保辖区内不发生重大食品安全事故，遏制一般性食品事故，确保突发性食品安全事故应急处置平稳有序，保障一方民众的生命财产安全，促进地方经济建设和社会稳定健康发展。

第三章　信息报告工作

信息工作是食品安全整体工作的重要组成部分，是通报工作情况、辅助领导决策、宣传工作经验的重要途径。乡镇（街道）食安办和相关监管部门，要高度重视食品安全信息报告工作，定期将本辖区、本部门食品安全工作情况报送至县（市、区）食安办。上报信息要坚持质量和数量并重，严保准确性，突出时效性，促进食品安全问题的早发现、早预防、早整治、早解决，实现食品安全信息的规范化、制度化、常态化，为食品安全工作决策和政策制定提供参考依据，全面提高本地区食品安全工作水平。

一、日常信息报送

1. 报送主体

乡镇（街道）食安办和相关监管部门，负责本系统食品安全信息收集、汇总。日常信息报送应从建立完善食品安全信息报送制度入手，明确报送内容、报送对象、报送时效，强调报送要求，对涉及相关数据、工作动态、情况汇总等务必真实、准确，确保报送质量。日常信息报送一般采用书面或电子邮件方式，遵循实事求是、快速高效、安全保密和责任追究原则。

各食品安全相关部门向上级主管部门报送本系统食品安全监督管理工作信息，应同时抄报乡镇（街道）食安办。

各协管员（网格员）负责收集、汇总、分析整理网格内食品安全信息，及时报送至乡镇（街道）食安办，鼓励运用电子化手段或信息平台方式报送。

2. 报送内容

报送的食品安全日常工作信息包括但不限于下列内容：

①食品生产经营主体基础情况及变更情况。

②上级部署工作完成情况和各类统计报表。

③食品安全风险排查和协助执法发现的问题。

④开展联合执法、专项检查和整治情况。

⑤食品安全动态、存在的问题、采取的措施。

⑥食品安全专题调研报告。

⑦其他需要报送的情况。

3. 报送流程

日常信息报送流程参见图 2-6。

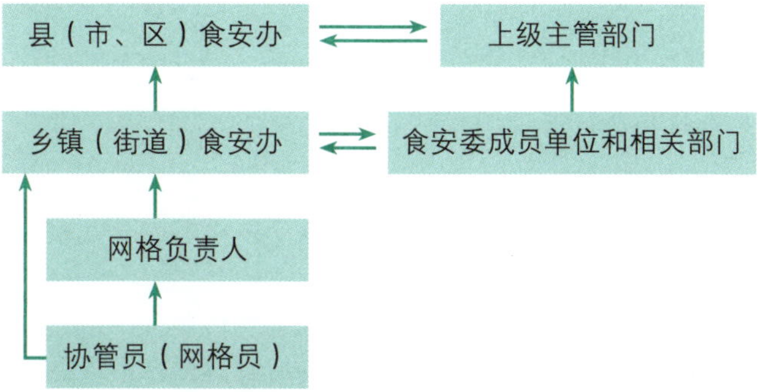

图 2-6　乡镇（街道）食品安全信息报送流程图

二、紧急信息报送

1. 报送主体和报送内容

乡镇（街道）食安办、相关监管部门和食品安全协管员（网格员），应第一时间向属地政府和上级食安办同步报告以下重要信息。

①食物中毒、突发食品污染事件及人畜共患病等，报告的信息内容包括：事故发生的时间、地点、单位、病患人数，事故发生原因的初步判断，采取的措施、事故控制情况等。

②重大食品安全隐患线索。

③食品安全工作中涉及面较广、性质比较严重的突发事件，以及媒体披露、社会反响强烈的事件。

④其他可能引发事态扩大、影响社会稳定的案情或舆情信息。

2. 报送方式

食品安全事故和重要工作信息，先采用电话、传真、微信、电子邮件报送或其他快捷有效的方式报告，然后再以书面形式报送。

3. 报送要求

紧急信息报送应做到“三个明确”和“六个把握”：即明确“为什么报”

（提供信息、科学决策），“报什么”（事故信息、重大隐患、重要舆情），“怎么报”（及时、客观、准确）。把握时效性，做到迅速高效；把握真实性，做到客观准确；把握连续性，做到善始善终；把握规范性，做到统一有序；把握敏锐性，做到查漏补缺；把握全局性，做到关口前移。

第四章　宣传教育工作

一、食品安全宣传教育

1. 食品安全宣传教育的意义

加强食品安全宣传教育工作，是普及食品安全知识和提升消费者食品安全意识、维权意识的重要手段，是引导食品行业市场主体及从业人员增强食品安全法治意识、落实食品安全主体责任意识、推进食品安全诚信体系建设的重要方法，也是引导社会各界积极参与食品安全普法宣传和科学知识普及，营造浓厚的食品安全社会共治氛围的重要途径。

乡镇（街道）政府要将食品安全宣传教育工作列入重要工作内容，配强队伍，保障经费，常态化开展宣传教育活动，确保食品安全宣传教育工作有序开展。

乡镇（街道）食安办应统一研究制订食品安全宣传教育计划和重大宣传活动实施方案，组织协调宣传、教育、新闻及食品安全监管等部门共同做好各项工作。

2. 食品安全宣传教育的内容

政府监管部门、社会组织、新闻媒体等，要围绕公众关心的食品安全问题，通过多渠道、多媒介、多形式等开展法律法规知识、食品安全科学常识等方面的宣传科普活动，提高公众的食品安全意识、法律意识和依法维权、识假辨假能力。

（1）食品安全法律、法规和标准

通过对食品安全法律、法规的宣传，使公众基本了解《中华人民共和国食品安全法》及其实施条例、《江苏省食品小作坊和食品摊贩管理条例》《江苏省人民代表大会常务委员会关于加强小餐饮管理的决定》等相关法律法规和《国务院食品安全办关于进一步强化农村集体聚餐食品安全风险防控的指导意见》等规范性文件，以及相关食品安全国家标准、地方标准；了解食品安全风险监测、风险评估、食品溯源和召回等管理制度；了解我国当前的食品安全监管方针政策；了解企业、公众、媒体等其他主体在食品安全监管体系中的权利、义务及参与途径。

（2）食品安全基本知识

通过对食品安全基本知识的宣传，使公众形成基本的食品安全科学认知，内容主要侧重如下。

①食品安全基本知识。使公众了解食品安全的概念和内涵，理解食品安全风险的概念，正确认识食品安全；可能危害食品安全的因素，明确食源性疾病是全球范围内最大的食品安全问题，增强对食源性疾病的关注；食品安全标准及其作用，客观认识不符合标准与食品安全之间的关系；理解食品添加剂的概念，明确食品添加剂和非法添加物的区别，客观理性看待合法合规使用的食品添加剂；了解什么是农业转基因技术和转基因食品，以及国内外在转基因食品方面的相关规定；了解保健食品、特殊膳食食品与新资源食品；了解食品标签标识以及食品安全与营养健康等食品消费基本知识。

②食品产业链与食品安全。使公众了解从农田到餐桌的食品安全全程控制体系，知悉不同环节存在的食品安全危害，以及食品安全与产业链各环节密切相关；加深对食品生产经营各环节食品安全风险控制的认识，增强公众对食品安全的信心，消除对食品安全的不信任；积累食品安全基本知识，提高公众自我保护能力。

（3）**食品安全形势和监管成效**

通过宣传，使公众了解国家、省、市关于食品安全的方针政策，各级党委政府关于食品安全工作的决策部署，各级监管部门在食品安全过程监管、抽样检测、打击违法等方面采取的措施和取得的成效，了解全国以及各级地方食品安全的总体形势。

3. 科普宣传的主要形式

食品安全科普宣传应注重普遍性、科学性和针对性。要坚持面向社会普及食品安全知识，促进全社会食品安全基本认知的形成，营造全社会关注食品安全、参与食品安全工作的良好氛围。要坚持宣传内容的科学性，确保宣传普及的食品安全知识科学准确，加强释疑解惑，回应社会关切，消除认识误区。要突出针对性，根据不同受众群体的特点，抓住食品安全热点问题，设计科普宣传形式和内容，增强科普宣传效果。应根据不同的群体，确定宣传教育的重点，采用群众喜闻乐见的形式，提高科普宣传教育的效果。鼓励有条件的乡镇（街道）设立食品安全科普宣传基地、食品安全科普宣传广场，在村（社区）设立食品安全宣传工作站。

①根据宣传教育的场所，可以分为巡游宣讲和阵地宣传。巡游宣讲如食品安全“四进”活动，即食品安全知识进农村、进社区、进企业、进学校；阵地宣传如设立广场宣传咨询台、开设讲座、建立科普宣传站等。

②根据宣传教育的时间，可以分为日常宣传和集中宣传。日常宣传可结合开展

日常检查、风险隐患排查、专项整治等工作进行。集中宣传包括食品安全宣传周、“3·15”国际消费者权益保护日、“科技三下乡”等特定时段开展的宣传活动。

③根据宣传教育的载体，可以分为媒体宣传和平面宣传。媒体宣传包括利用广播、电视、报刊，以及网站、微博、微信、短信等视频音频媒体；平面宣传（线下宣传）包括发传单、挂横幅、刷标语、问卷调查、电子显示屏、知识竞赛、橱窗、公益电影等形式。

二、食品安全培训

1. 对协管员（网格员）开展培训

乡镇（街道）食安办和相关监管部门工作人员，应该接受上级部门组织的培训。同时，乡镇（街道）食安办应联合和相关监管部门，对协管员（网格员）每年定期组织食品安全基本知识、法律法规、应急处置等的培训。

（1）确定培训方案

乡镇（街道）食安办要认真制定培训实施方案，明确培训对象、培训内容和培训要求，组织辖区内食品安全协管员（网格员）培训工作的有序开展。乡镇（街道）食安办应联合各监管部门业务骨干强化培训师资力量，也可邀请上级部门专家或骨干开展授课，结合实际需要编制培训材料开展培训工作。

（2）确定培训内容

一是法律法规的介绍，对法律法规的具体内容进行讲解，重点是要使学员掌握法律法规对食品生产经营单位的基本要求、应当履行的法律义务和违反法律规定应承担的法律责任，有关食品各环节在日常检查、巡查工作中的要点和应注意的事项；二是部分重要标准的介绍，了解食品安全标准的意义和食品安全相关标准的基本内容等；三是食品安全基本常识的介绍，便于向公众宣传引导。

（3）确定培训方式

由乡镇（街道）食安办联合各监管部门，在短期内开展集中培训；也可由各监管部门分别确定时间，分环节对协管员开展培训。培训完成后应开展业务考试，并将试卷和考试成绩存档保存。

2. 督促食品生产经营者开展培训

①《中华人民共和国食品安全法》第四十四条规定，食品生产经营企业应当建立健全食品安全管理制度，对职工进行食品安全知识培训；食品生产经营企业应当配备食品安全管理人员，加强对其培训和考核。经考核不具备食品安全管理能力的，不得上岗。

食品安全管理人员是指经符合要求的培训考核机构统一培训考核合格，在食品生产经营单位从事食品安全管理工作的人员，是食品生产经营单位负责人、食品安全总监、食品安全员及其他从事食品安全管理人员的统称。

其中，食品安全总监是具有一定规模的食品生产经营企业依据《企业落实食品安全主体责任监督管理规定》任命或聘用的食品质量安全的最高管理者和直接责任人，对企业食品质量安全具有否决权，负责组织制定和修订企业的质量安全制度、监管措施及发展规划，完善食品质量安全组织机构，规划食品质量安全所需的人力、技术等资源，贯彻落实食品安全法律法规，严格执行食品安全管理制度。

《企业落实食品安全主体责任监督管理规定》第十六条规定，食品生产经营企业应当组织对本企业职工进行食品安全知识培训，对食品安全总监、食品安全员进行法律、法规、标准和专业知识培训、考核，并对培训、考核情况予以记录，存档备查。

②江苏省市场监管局《关于督促食品生产经营者落实食品安全主体责任的指导意见》（苏市监食生〔2019〕227 号）规定：食品生产经营企业每年对单位主要负责人、食品安全管理人员、食品安全专业技术人员和从业人员的培训时间不得少于 40 小时。

③食品小作坊、食品摊贩、小餐饮等个体生产经营者的负责人和从业人员，以及农村集体聚餐承办者及其加工制作人员按照规定要求组织开展培训。

3. 监管部门的抽查考核

目前并没有明确规定政府部门必须对食品生产经营者进行培训。但是，《中华人民共和国食品安全法》第四十四条要求“食品安全监管部门应当对企业食品安全管理人员随机进行抽查考核”；《中共中央　国务院关于深化改革加强食品安全工作的意见》提出“食品质量安全管理岗位人员的法规知识抽查考核合格率要达到 90%以上”。因此，食品安全管理人员参加培训并接受考核，从业人员接受培训，是法定的要求。

乡镇（街道）食安办联合各监管部门，应督促食用农产品种植养殖和食品生产经营单位的相关人员、农村集体聚餐承办厨师、食品摊贩负责人参加食品安全法律法规、食品安全标准、食品生产经营管理、食品安全风险防控、食品检验检测知识以及应急管理等方面的培训，切实提高食品生产经营者法律法规意识、安全意识、诚信意识，提升食品从业人员的整体素质，牢固树立食品生产经营者食品安全第一责任人意识。

第三篇

乡镇（街道）食品安全工作文档参考文本

第一章 乡镇（街道）食品安全委员会发文参考文本

一、成立/调整食品安全委员会成员的通知

关于成立/调整××镇食品安全委员会成员的通知

××政发〔20××〕××号

各村、社区，各有关机关部门，驻镇各有关单位，各企事业单位：

为了进一步强化我镇食品安全治理工作，建立密切配合、齐抓共管的工作机制，规范食品生产经营秩序，营造良好安全消费环境，消除食品安全隐患，保障人民群众饮食安全，确保我镇经济社会健康有序地发展。经研究，决定成立/调整××镇食品安全委员会成员，现将组成人员及相关部门工作职责通知如下：

主　任：×××　党委副书记、镇长

副主任：×××　副镇长

　　　　×××　副镇长

成　员：×××　市场监督管理××分局局长

　　　　×××　镇农业农村局局长

　　　　×××　公安局××派出所所长

　　　　×××　镇综合行政执法局局长

　　　　×××　镇社会事业局局长

　　　　×××　镇经济发展局局长

　　　　×××　镇建设和生态环境局局长

　　　　×××　镇党政办公室主任

　　　　×××　镇党群工作局局长

　　　　×××　镇社会治理局局长

　　　　×××　镇行政审批局局长

　　　　×××　镇卫生院院长

×××　镇中心校校长

各村（社区）党组织书记

食品安全委员会下设办公室，承担镇食品安全委员会日常工作，办公室设在社会事业局，×××同志（注：副镇长）兼任办公室主任，负责全镇食品安全日常工作（可视情增设副主任一名，一般建议为食安办挂靠机构负责人）。

特此通知。

××县（市、区）××镇人民政府

20××年××月××日

抄报：县（市、区）食安办

二、食品安全委员会工作规则

第一章　总则

第一条　为规范××镇食品安全委员会及其成员单位工作，明确职能职责，严格工作程序，根据《中华人民共和国食品安全法》《中华人民共和国食品安全法实施条例》《地方党政领导干部食品安全责任制规定》和《××县（市、区）食品安全委员会工作规则》和《××县（市、区）食品安全委员会成员单位食品安全工作职责的通知》文件精神，结合本镇实际，制定本工作规则。

第二条　镇食品安全委员会是××镇人民政府食品安全工作的议事机构。下设镇食品安全委员会办公室（以下简称镇食安办），承担镇食安委的日常工作。

第二章　组成

第三条　镇食安委主任、副主任由镇政府领导同志担任，委员由下列有关部门的负责同志担任：……

第四条　因食品安全工作发展需要，需新增镇食安委成员单位的，由镇食安办与该部门协商一致后，按程序报镇食安委批准，镇食安委委员需要调整的，经所在单位提出意见后，由镇食安办按程序报镇食安委批准，由成员单位接任工作的负责同志替补，不另行文。

第五条　镇食安办主任由镇分管负责同志担任，副主任由镇××部门负责同志担任。

第六条 镇食安办负责镇食品安全委员会日常工作。

第七条 镇食安委各成员单位确定一名负责人担任联络员，参与镇食安办的具体工作，及时沟通交流食品安全工作。

第三章 主要职责

第八条 镇食安委在镇党委、镇政府领导下，统一组织、协调全镇食品安全监督管理工作，主要职责如下：

1. 贯彻落实党中央、国务院关于食品安全工作的重大方针政策，分析全镇食品安全形势，研究制定全镇食品安全工作重大方针政策、工作规划，完善全镇食品安全治理体系；

2. 安排部署、统筹协调指导全镇食品安全工作；

3. 督促镇有关部门和各村社区履行食品安全监管职责，落实食品安全属地管理责任；

4. 统筹协调指导重大食品安全突发事件、重大违法案件处置、调查处理和新闻发布工作；

5. 承担镇政府交办的其他事项。

第九条 镇食安办主要职责如下：

1. 贯彻落实党中央、国务院以及镇食安委的决策部署，组织开展重大食品安全问题的调查研究并提出政策建议；

2. 承担镇食安委日常工作，协助筹备镇食安委会议；

3. 推动健全协调联动机制，协调食品安全全过程监管中的重大问题，指导各村社区食品安全委员会办公室工作；

4. 组织起草全镇食品安全年度重点工作安排；

5. 受镇食安委委托，组织开展食品安全工作评议考核，督促各村社区及相关部门落实食品安全工作责任；

6. 协调跨部门重大食品安全突发事件、重大违法案件处置、调查处理和新闻发布工作；

7. 承担镇食安委交办的其他事项。

第四章 会议制度

第十条 镇食安委通过全体会议和专题会议履行职责。

1. 镇食安委全体会议：由镇食安委主任召集，镇食安委全体成员参加。主要有研究食品安全领域重大问题，部署食品安全重点工作，审议食品安全重要文件等工作。可视情安排有关部门、单位和各村社区负责人列席。原则上每年召开一次，也可根据需要临时召开。

2. 镇食安委专题会议：由镇食安委主任或副主任召集，相关部门负责人参加。主要是研究协调食品安全专项工作。会议召集时间和议题由召集人决定。

第十一条 镇食安办建立全体会议和专题会议制度。

1. 镇食安办全体会议：由镇食安办主任召集，镇食安委成员单位全体联络员参加。主要有研究落实镇食安委议定事项，起草供镇食安委审议决定的文件，汇总拟提请镇食安委研究处理的重要事项，交流食品安全监管情况等工作。原则上每年召开一次，也可根据需要临时召开。

2. 镇食安办专题会议：由镇食安办主任或副主任召集，镇食安办成员单位相关联络员参加。主要是协调督促相关部门开展和落实好食品安全专项工作，解决食品安全监管工作中的具体问题。会议可根据需要适时召开。

第十二条 镇食安办和各成员单位要切实履行各自职责，认真落实镇食安委确定的工作任务和议定事项。

第五章 文件制度

第十三条 为保证全镇食品安全工作有序有效开展，镇食安委及其办公室印发以下文件：

1. 镇食安委文件：以镇食安委字编号，包括食品安全工作计划、重点工作安排以及管理制度、工作措施等涉及食品安全全局性工作及重要事项。

2. 镇食安办文件：以镇食安办字编号，主要包括落实镇食安委具体事务性工作及其他需要办公室承办的事项等。

3. 会议纪要。镇食安委全体会议、专题会议以纪要形式明确议定事项。联络员会议必要时形成会议纪要，印发各相关成员单位。

镇食安委文件、全体会议或专题会议会议纪要由镇食安委主任或副主任签发。镇食安办文件、会议纪要由镇食安办主任或副主任签发。镇食安委研究确定的工作意见、重大事项等，由镇食安委直接下发，也可根据需要报请镇政府转批或由镇政府办公室转发。

第六章 报告制度

第十四条 镇食安委建立食品安全工作报告制度。镇食安委各成员单位应及时向镇食安委报告下列内容：镇党委、镇政府决策部署落实情况；镇党委、镇政府领导重要批示的落实情况；镇食安委及其办公室议定和交办事项的落实情况；食品安全工作计划、方案执行情况；食品安全监管工作中发现的重大问题；镇食安办督办的事项；食品安全监管工作动态、信息；其他需要报告的事项。

第七章　通报制度

第十五条　镇食安委建立食品安全通报制度，对有关事项的进展情况进行通报。镇食安办具体承办通报事宜。通报一般仅限于镇食安委成员单位内部之间，由镇食安办主任签发；重大事项报镇食安委主任或副主任同意，可在全镇通报。通报内容包括：食品安全工作进展情况；报告事项落实情况；督办事项落实情况；食品安全监管责任履行情况；食品安全监管责任制落实情况；食品安全信息沟通及相关材料报送情况；其他需要通报的重要事项。通报一般以书面形式印发，或由镇食安办根据工作需要以其他形式送达。

第八章　新闻发布制度

第十六条　按照“快报事实、慎报原因”的原则，各成员单位要加强信息公开，针对重大食品安全突发事件和重大违法案件，及时协调有关主管部门第一时间发布权威信息，通报调查进展及查处结果，积极回应社会关切。

第九章　会商制度

第十七条　镇食安委建立食品安全会商制度。镇食安委召集相关成员单位联络员召开会议，通报食品安全工作情况，分析会商食品安全形势，研究成员单位提出的有关问题和拟提请镇食安委全体会议审议的事项。

第十章　评议考核制度

第十八条　镇食安办受镇食安委委托，组织开展对各村社区食品安全监管工作的评议考核，并根据需要组织开展督促检查。

第十一章　附则

第十九条　本规则自发布之日起施行。

三、食品安全委员会成员单位工作职责

为明确各成员单位监管职能，提高食品安全监管工作成效，依据“地方党政领导干部食品安全责任制规定”和国家相关法律要求，按照“谁主管、谁负责”的原则，结合我镇实际，制定××县（市、区）××镇食品安全委员会成员单位工作职责。

1. 市场监管局××分局

组织实施食品安全战略；贯彻落实食品安全重大政策；组织实施食品安全监督管理的法律法规；制定食品监督管理的政策、规划并监督实施；负责食品安全应急体系建设，组织指导重大食品安全事件应急处置和调查处理工作；监督实施食品安全重要信息直报制度；负责食用农产品进入批发市场、零售市场或生产加工企业后的监督管理，建立健全并组织实施覆盖食品生产经营全过程的监督检查制度和隐患排查治理机制，防范区域性、系统性食品安全风险；拟定并组织实施食品生产经营者落实主体责任制的制度措施，指导企业建立健全食品安全可追溯体系；组织开展食品安全监督抽检、核查处置和风险预警；参与食品安全风险监测、风险交流工作；组织实施特殊食品监督管理；承担食品相关产品质量安全监督管理工作；参与食品安全地方标准制定和监督实施，参与制定食品中农药残留、兽药残留的限量规定及其检验方法与规程，参与食品安全地方标准跟踪评价工作；推动食品检验检测体系建设；负责食品广告活动的监管工作；负责食品安全统计工作，分析预测食品安全总体状况；依法对全镇范围内的食品价格和收费的违法行为实施监督检查和行政处罚。对涉嫌食品安全犯罪的，及时依法移送公安机关。

2. 镇农业农村局

负责地产食用农产品从种植养殖环节到进入批发、零售市场或生产加工企业前的质量安全监管；负责动植物疫病防控、畜禽屠宰和生鲜乳收购环节的质量安全监管；与市场监管分局共同研究建立全镇农产品产地准出、市场准入和追溯机制，加强协调配合和工作衔接，形成监管合力；组织开展食用农产品质量安全监测、追溯、风险评估工作；指导食用农产品监管、监测等体系建设；会同有关部门推进农业标准化生产；对涉嫌食品安全犯罪的，及时依法移送公安机关。

3. 公安局××派出所

依法查处生产、销售有毒有害食品、不符合安全标准的食品和假冒伪劣食品等涉及食品安全的犯罪活动；协调处置和依法开展重大食品安全犯罪案件的侦办工作，维护重大食品安全事件的现场秩序，依法查处阻碍食品安全监管部门工作人员依法执行职务的违法犯罪行为；会同有关部门加强行政执法与刑事司法衔

接，依法依规办理行政执法部门移送的涉嫌食品安全犯罪案件及拟适用行政拘留违法案件。

4. 镇综合行政执法局（城管）

负责对食品摊贩设点的地段、时间、经营设施及行为的全程监管；负责流动食品摊贩擅自占道经营的日常管理工作；负责制定食品生产加工、餐饮服务单位餐厨垃圾管理规定；负责全镇餐厨废弃物的监督管理；会同相关部门依法查处违法行为。

5. 镇社会事业局

（民政工作）会同有关部门制定并推动实施加强养老机构食品安全管理的政策措施及相关标准规范；会同有关部门指导各村社区加强对养老机构的食品安全教育和日常管理；会同有关部门建立健全养老机构食品安全管理制度、开展养老机构食品安全管理人和关键岗位人员培训、制定实施养老机构食品安全事故应急处置方案。

（卫健工作）开展食品安全标准管理工作，组织开展食品安全标准的宣传培训和跟踪评价；负责食品安全风险评估工作，会同相关部门制定、实施食品安全风险监测计划，对通过食品安全风险监测或者接到举报发现食品可能存在安全隐患的，应当立即组织进行检验和食品安全风险评估，并及时向相关部门通报食品安全风险评估结果；负责食品安全事故现场卫生处理，对与事故有关的因素开展流行病学调查，组织医疗机构对因食品安全事故导致人身伤害的人员进行救治；负责餐饮具集中消毒服务单位的监管。

（文体工作）贯彻执行党和国家及市委市政府有关食品安全等方面的方针政策、决策部署和法律法规规章的宣传，负责全镇广播电视及纸质媒体、网络媒体食品安全宣传工作，把握正确的食品安全舆论导向，组织开展全局性食品安全重大活动宣传报道，不断提高宣传质量。

6. 镇经济发展局

制定并实施全镇食品产业发展规划、行业规划和有关政策，推动全镇食品工业增品种、提品质、创品牌，推进全镇食品工业结构调整和优化升级；负责食盐专营工作和盐业行业管理。推进食品工业企业信用体系建设，规范企业行为。负责拟定促进餐饮业、酒类流通行业发展的政策意见；牵头开展食品、食用农产品追溯体系互联互通工作；协同有关部门开展食品、食用农产品追溯标准化、认证认可工作。

配合有关部门开展旅游场所食品安全监督管理；配合有关部门做好旅游场所

食品安全突发事件处置的综合协调和应急救援工作。

7. 镇建设和生态环境局

（环保工作）负责对涉及集中式饮用水水源地和影响食品安全的生产环境及污染源进行监督管理，依法查处相关环境违法行为；对农用地土壤污染防治和生态保护进行监督管理；指导生态农业建设工作；参与监督协调有机食品发展；参与和食品有关的环境污染事件的应急处置及事故的调查处理；协助做好罚没、假冒伪劣食品销毁工作。

（村建工作）做好全镇食品安全重要设施及重大项目规划的服务工作；参与城镇规划区域内食品重大建设项目的可行性研究规划论证工作；加强对建筑工地集中用餐单位的食品安全教育；配合食品安全监管部门对建筑工地集中用餐单位监督检查；协助做好建筑工地集中用餐单位食物中毒事件调查处理。

（公路工作）负责本辖区生鲜类农产品运输绿色通道保障和协调工作；配合市场监督管理分局、农业中心等相关部门加强食品在运输环节的管理，参与打击食品在运输环节的非法添加等违法行为；负责做好食品安全突发情况下的应急运力保障工作。

（林业工作）依法推进全镇食用林产品质量安全监督管理工作；组织编制食用林产品质量安全规划和标准，并组织开展食用林产品质量安全监测等工作。

8. 镇财政局

参与研究全镇食品安全监管体系建设相关政策和行业发展规划，研究提出财政支持政策，落实本级食品安全综合协调和食品安全监管工作经费；建立健全食品安全监督管理经费保障机制；会同有关部门对食品安全监管有关财政财务法规、制度和预算执行情况以及资金使用情况进行监督。

9. 镇党群工作局

（宣传工作）负责指导全镇食品安全宣传工作，协调镇级各新闻单位开展食品安全新闻宣传；负责协调食品安全舆论引导工作，配合做好重大食品安全事件的综合信息发布。负责协调组织食品安全网络宣传管理和舆论引导工作；协助做好食品安全突发事件的网络舆情监测、研判和处置工作；协调食品安全有关部门开展网络举报和谣言治理等工作。

（统战工作）贯彻执行扶持和规范清真食品生产经营的专项政策法规；指导全镇进一步完善对清真企业、清真食品和清真标识的认定、认证和规范使用工作；负责全镇清真食品监督管理工作，配合有关部门严厉打击生产销售假冒清真食品及“清真不清”等违法犯罪行为；配合有关部门保障大型宗教活动期间的食品安全。

10. 镇政法委

牵头推动完善有关食品安全执法司法政策；督促推动重大危害食品安全犯罪案件依法处理工作；组织指导在全镇综治工作（平安建设）考核评价体系中开展食品安全考核评议工作。

11. ××司法所

负责食品安全监管部门报送的规范性文件草案的审查修改；负责行政执法监督工作，组织或者参与对食品安全法律、法规和规章执行情况的检查；协调指导相关部门开展食品安全法治教育，推动落实“谁执法谁普法”普法责任制；组织引导律师等为重大食品安全突发事件、重大违法犯罪案件依法处理工作提供法律服务。

12. ××中心卫生院

开展食品安全标准管理工作，组织开展食品安全标准的宣传培训和跟踪评价；负责食品安全风险评估工作，会同相关部门制定、实施食品安全风险监测计划，对通过食品安全风险监测或者接到举报发现食品可能存在安全隐患的，应当立即组织进行检验和食品安全风险评估，并及时向相关部门通报食品安全风险评估结果；负责食品安全事故现场卫生处理，对与事故有关的因素开展流行病学调查，组织医疗机构对因食品安全事故导致人身伤害的人员进行救治；负责餐饮具集中消毒服务单位的监管。

13. ××中心校

负责指导各类学校开展食品安全科普教育，通过多途径向学生普及食品安全科普知识；会同有关部门制定学校食品安全管理政策并推动实施；负责指导加强学校食品安全日常管理，组织开展学校食堂及食品销售单位日常食品安全自查；配合有关部门开展为学校供餐集体用餐配送单位、个人或家庭托餐等食品安全检查；负责指导各学校开展食堂、食品销售单位负责人和关键岗位人员食品安全培训；负责指导建立和完善学校突发性食品安全事故的应急处理机制。

14. 各村（社区）

做好辖区内的食品安全监管工作，认真实施食品安全知识宣传与普及。做好家宴、摊贩的备案和管理，从业人员健康证到期需及时更换。负责本辖区食品安全事故上报，协助有关部门做好调查和处理工作。

除上述职责外，各成员单位还承担法规规定的其他职责，并在职责范围内及时向相关部门通报食品安全相关信息、建立衔接机制、加强食品安全新闻宣传和信息发布、推进诚信体系建设，完成食安委交办的其他事项。

第二章 乡镇（街道）食品安全包保工作参考文本

一、包保责任清单

1. 责任清单（镇级）

责任清单（镇级）

填表单位（盖章）：　　　　　　主要负责人（签字）：　　　　　　填表日期：　年　月　日

包保层级	序号	包保主体	包保干部	职务	联系方式
乡（镇、街道）包保 C 级主体	1				
	2				
	3				
	……				

说明：逐级建立责任清单并上报备案；可根据需要对表格进行调整。

2. 责任清单（村级）

责任清单（村级）

填表单位（盖章）：　　　　　　主要负责人（签字）：　　　　　　填表日期：　年　月　日

包保层级	序号	包保主体	包保干部	职务	联系方式
村（组、社区）包保 D 级主体	1				
	2				
	3				
	……				

说明：逐级建立责任清单并上报备案；可根据需要对表格进行调整。

二、包保任务清单

1. 任务清单（镇级）

任务清单（镇级）

被督导单位： 督导时间： 督导干部：

重点工作	具体任务	备注
一、完善安全管理体系	1. 推动建立健全食品安全责任制，配备食品安全员	
	2. 推动建立健全进货查验、生产经营过程控制、出厂检验等制度	
	3. 推动建立健全《食品安全员守则》	
	4. 推动建立健全“日管控、周排查、月调度”工作机制	
	5. 推动建立健全食品安全追溯体系	
	6. 推动建立健全从业人员健康管理制度	
二、抓好常态化防控	1. 抽查“日管控、周排查、月调度”记录台账	
	2. 抽查进货查验、过程控制、出厂检验等信息记录情况	
	3. 推动保持生产经营场所环境整洁和人员卫生	
	4. 推动严格执行保质期标识等规定，及时清理变质或超过保质期的食品	
	5. 推动不得对生产经营的食品虚假宣传	
	6. 推动学校、幼儿园实行食品安全校长（园长）负责制；推动中小学、幼儿园建立集中用餐陪餐制度	
	7. 推动餐饮服务单位按照要求对餐具、饮具进行清洗消毒	
	8. 推动及时整改监管部门指出的食品安全问题隐患	
	9. 推动及时处理食品质量安全投诉、举报	
	10. 推动建立落实问题食品下架召回制度	
三、强化应急处置	1. 推动制定食品安全事故处置方案或处置措施	
	2. 推动及时向市场监管部门报告食品安全事故潜在风险	
	3. 推动配合监管部门做好事故调查处理工作	
四、加强宣传和培训	1. 推动对从业人员进行食品安全法律、法规、标准、知识培训	
	2. 推动对食品安全员开展考核	
	3. 推动主动开展食品安全知识普及	
	4. 推动学校、幼儿园开展食品安全与营养健康科学知识普及和宣传教育活动，将相关知识纳入教学内容	

说明：任务清单包括但不限于以上内容，根据填报需要调整表格大小。

2. 任务清单（村级）

任务清单（村级）

被督导单位： 督导时间： 督导干部：

重点工作	具体任务	备注
一、完善安全管理体系	1. 推动配备或明确食品安全员	
	2. 推动从业人员及时取得健康证	
二、抓好常态化防控	1. 推动开展食品安全自查	
	2. 抽查进货查验、过程控制等信息记录情况	
	3. 推动保持场所环境整洁和人员卫生	
	4. 推动及时清理变质或超过保质期的食品	
	5. 推动不得对生产经营的食品虚假宣传	
	6. 推动学校、幼儿园实行食品安全校长（园长）负责制；推动中小学、幼儿园建立集中用餐陪餐制度	
	7. 推动餐饮服务单位按照要求对餐具、饮具进行清洗消毒	
	8. 推动及时整改监管部门指出的食品安全问题隐患	
	9. 推动及时处理食品质量安全投诉、举报，依法下架并召回问题食品	
三、强化应急处置	1. 推动完善食品安全事故处置措施	
	2. 推动及时向市场监管部门报告食品安全事故潜在风险	
	3. 推动配合监管部门做好事故调查处理工作	
四、加强宣传和培训	1. 推动对从业人员进行食品安全法律、法规、标准、知识培训	
	2. 推动对食品安全员开展考核	
	3. 推动主动开展食品安全知识普及	
	4. 推动学校、幼儿园开展食品安全与营养健康科学知识普及和宣传教育活动，将相关知识纳入教学内容	

说明：任务清单包括但不限于以上内容，根据填报需要调整表格大小。

三、包保督查清单

督查清单（镇级）

序号	督查事项		具体任务	是否落实	取得成效
一	完成责任清单		落实村级包保干部包保 D 级主体的责任要求		
二	完成任务清单	完善安全管理体系	1. 推动配备或明确食品安全员		
			2. 推动从业人员及时取得健康证		
		抓好常态化防控	1. 推动开展食品安全自查		
			2. 抽查进货查验、过程控制等信息记录情况		
			3. 推动保持场所环境整洁和人员卫生		
			4. 推动及时清理变质或超过保质期的食品		
			5. 推动不得对生产经营的食品虚假宣传		
			6. 推动学校、幼儿园实行食品安全校长（园长）负责制；推动中小学、幼儿园建立集中用餐陪餐制度		
			7. 推动餐饮服务单位按照要求对餐具、饮具进行清洗消毒		
			8. 推动及时整改监管部门指出的食品安全问题隐患		
			9. 推动及时处理食品质量安全投诉、举报，依法下架并召回问题食品		
		强化应急处置	1. 推动完善食品安全事故处置措施		
			2. 推动及时向市场监管部门报告食品安全事故潜在风险		
			3. 推动配合监管部门做好事故调查处理工作		
		加强宣传和培训	1. 推动对从业人员进行食品安全法律、法规、标准、知识培训		
			2. 推动对食品安全员开展考核		
			3. 推动主动开展食品安全知识普及		
			4. 推动学校、幼儿园开展食品安全与营养健康科学知识普及和宣传教育活动，将相关知识纳入教学内容		

四、包保责任与任务承诺书

1. 食品安全责任与任务承诺书

食品安全责任与任务承诺书

（镇级）

根据《关于建立健全分层分级精准防控末端发力终端见效工作机制　推动食品安全属地管理责任落地落实的意见》要求，我负责包保__________等食品生产经营主体，督促完成“完善安全管理体系、抓好常态化防控、强化应急处置、加强宣传和培训”任务。我承诺恪尽职守，采取有力措施，坚决完成包保任务，守牢食品安全底线。

附件：

1. 责任清单（镇级）

2. 任务清单（镇级）

__________乡/镇政府（盖章）

主要负责人签字：__________承诺人签字：__________

年　　月　　日

本承诺书一式三份，一份承诺人留存、一份乡镇政府留存、一份交县级食品安全办备案。

2. 食品安全责任与任务承诺书

食品安全责任与任务承诺书
（村级）

根据《关于建立健全分层分级精准防控末端发力终端见效工作机制　推动食品安全属地管理责任落地落实的意见》要求，我负责包保__________等食品生产经营主体，督促完成“完善安全管理体系、抓好常态化防控、强化应急处置、加强宣传和培训”任务。我承诺恪尽职守，采取有力措施，坚决完成包保任务，守牢食品安全底线。

附件：

1. 责任清单（村级）
2. 任务清单（村级）

__________村支部（村委会）（盖章）

主要负责人签字：__________承诺人签字：__________

年　　月　　日

本承诺书一式三份，一份承诺人留存、一份村支部（村委会）留存、一份交乡镇食品安全办备案。

第三章 乡镇（街道）食安办制度参考文本

一、统筹协调类工作制度

1. 乡镇（街道）食安委成员单位定期会商联席会议制度

一、食安委成员单位定期会商联席会议，由乡镇（街道）食安委或委托食安办召集并主持，原则上每季度召开一次，根据工作需要也可临时召集。

二、会议议题由食安办提出，报食安委主任或委托食安办主任审核同意后确定，例会的会议议题包括但不限于：

1. 会议内容

（1）传达上级重要文件和会议精神，学习相关法律、法规、规章和其他制度；

（2）总结前阶段食品安全工作；

（3）研究制定食品安全年度工作计划；

（4）听取各村（社区）、食安委成员单位信息通报和工作汇报；

（5）分析会商食品安全形势，探讨食品安全风险隐患预警交流措施；

（6）研究成员单位和村（社区）提出的有关问题和拟递交食安委全体会议审议的事项，协调解决食品监管中的重点、难点、热点问题；

（7）组织开展风险隐患排查、重大节日食品安全综合治理、联合执法等行动；

（8）推进食品安全年度工作计划和重点工作落实，安排部署下阶段食品安全工作。

2. 会议程序

食安办主任办公暨部门定期会商会联席会议每季度召开一次，根据工作需要可适时召开。

会议由食品安全委员会办公室主任或副主任召集，出席范围为食品安全委员会成员单位及相关部门负责人。相关会议纪要和文件，由食品安全委员会办公室主任审签。

2. 行政村（社区）食品安全协管员工作例会制度

一、协管员工作例会由乡镇（街道）食安办召集并主持，原则上每月召开一次，全体食品安全协管员参加。

二、例会的主要内容：

1. 总结前阶段食品安全工作；
2. 传达上级重要文件和会议精神，学习相关法律、法规、规章和制度；
3. 食品安全协管员做工作汇报和工作情况交流；
4. 共同分析工作中存在的问题，探讨解决问题的办法；
5. 安排部署下阶段食品安全工作。

3. 食品安全工作评议考核制度

一、考核对象

本乡镇（街道）各行政村、社区和食品安全委员会成员单位。

二、考核原则

坚持目标导向、问题导向和结果导向，遵循客观公正、突出重点、奖惩分明、注重实效的原则。

三、考核内容

对行政村、社区的评议考核，主要考核食品安全工作责任落实情况和食品安全总体状况；对食安委成员单位的评议考核，主要考核组织领导、部门责任制落实、食品安全工作任务完成、部门协作配合以及上级对口部门对各成员单位考核得分等情况。具体考核指标和分值在年度食品安全工作考核方案及其细则中体现，并根据年度食品安全重点工作进行调整。

四、考核方式

每年 1 月 1 日至 12 月 31 日为一个考核年度，由食安办每年制定年度考核方案。

对行政村、社区的评议考核，可采用自查评分、实地检查与组织部门评审相结合的方式；对食安委成员单位的评议考核，可采取自查自评与组织考核相结合的办法。

五、等级评定

对行政村、社区的评议考核结果，采取百分制计分方式，满分 100 分；对食安委成员单位年度考核结果，采取 A、B、C 三个等级方式。

4. 乡镇（街道）食安办专（兼）职工作人员工作职责

一、负责食品安全办公室日常工作。

二、负责协助乡镇（街道）食安委和食安办建立健全各项工作制度。

三、负责协助乡镇（街道）食安委和食安办实施统筹协调。

四、负责乡镇（街道）食安委和食安办档案管理。

五、建立本辖区食品生产经营户台账。

六、负责组织协调协管员开展食品安全风险隐患排查工作。

七、负责集体聚餐从业厨师备案登记、农村集体聚餐备案和管理工作。

八、负责食品摊贩备案登记和公示卡的发放工作。

九、负责食品安全信息报送工作。

十、组织开展食品安全相关法律、法规和食品安全常识宣传教育。

十一、协助食安办开展村（社区）协管员的聘用和考核工作。

十二、参加上级部门组织的培训活动，定期对协管员进行食品安全相关法律知识、政策及有关业务知识培训。

5. 村（社区）食品安全协管员工作职责

一、掌握基本情况

协管员要全面掌握网格内食品生产经营单位的分布和生产经营动态信息，建立工作记录和台账，协助上级有关部门做好本辖区食品安全日常管理工作。

二、风险排查工作

采取上门走访、电话联系等方式，开展网格内食品安全日常风险排查工作，并认真做好日常走访服务工作记录。

积极服从乡镇（街道）食安办的安排部署，主动配合乡镇（街道）食品安全办和食品安全监管部门做好责任网格内食品生产经营单位的日常管理，将各类食品安全的风险隐患消除在萌芽阶段。

收集报送所在网格内单次聚餐 50 人以上群体聚餐信息，对其进行备案并开展集体聚餐活动的食品安全现场指导工作。

三、协助执法工作

协助有关部门对本村（社区）内的食品生产经营单位进行监督检查或相关执法活动，参与食品生产小作坊、食品摊贩、小食杂店和小餐饮的综合管理。

四、信息报送工作

收集、汇总、分析和报告本村（社区）食品安全工作相关信息；向乡镇（街道）食安办和食品安全监管部门实时报送走访发现和群众举报的食品安全隐患、生产销售假冒伪劣食品、“三无”食品、虚假宣传消费欺诈等违法行为等情况，由监管部门依法处置。及时反映群众、食品生产经营单位和其他组织对食品安全监管的意见和建议，并向食品生产经营者传达有关食品安全监管要求。

五、宣传引导工作

协助乡镇（街道）食安办开展食品安全法律法规，定期通过广播和村健康宣传栏宣讲食品安全知识；向社会公众发放食品安全宣传资料。

六、其他工作

对基层食品安全监督管理中存在的问题和困难提出建议或意见；完成上级职能部门和乡镇（街道）食品安全工作委员会及办公室交办的其他工作。

七、建立工作台账

村（社区）协管员应建立协管工作台账，一般包括工作职责、生产经营主体基本情况、隐患排查记录、流动厨师管理、农村集体聚餐报备与指导、信息报送、宣传教育等内容。

6. 食品安全协管员（信息员）考核细则办法

一、考核目的

为进一步强化食品安全监管工作，创新社会治理机制，充分调动广大基层食品安全信息员的工作积极性，提高工作效率，完善竞争激励机制，实现优化组合，确保各项工作目标的顺利完成。

二、考核范围。

转塘街道辖区范围内的各村设食品安全信息员。

三、考核方式及标准

考评总分为 100 分（详见附件），分为基础分 20 分和工作业绩分 80 分，其中基础分根据每个网格（村社）的基本情况掌握程度和台账建设评定；工作业绩分根据风险排查、协助执法、信息报送、宣传教育及其他食品安全相关工作的表现进行评分。

另外，如发生以下情况，实行一票否决：即被上级部门和领导点名批评、省市区考核扣分、新闻媒体曝光并经查证属实的，责任片区发生食品质量安全重大事故，当季考核得分为 0 分，且不发放当季信息费。

四、考核结果分档及补贴标准

根据考核总得分，考核结果共分为 3 个档次，其中考评得分前 30%为 A 档，年度考核奖金为×××元/月×12 月；考评得分居中的 40%为 B 档，年度考核奖金为×××元/月×12 月，其中靠后的 30%为 C 档，年度考核奖金为×××元/月×12 月。

五、附则

本考核细则办法每一季度考评一次，考评时间为下一季度的第一个月，主要对上一季度各信息员的工作完成情况进行考评，并根据考评档发放信息费。

附件：××镇（街道）食品安全协管员（信息员）考核细则

附件

××镇（街道）食品安全协管员（信息员）考核细则

项目	考核内容	评分标准	分值	考核分	备注
基础分（20 分）	掌握台账（5 分）	1. 对辖区内食品生产经营单位掌握情况（是否登记在册，经营证照情况是否齐备等）	5		
	掌握风险（5 分）	2. 对辖区内的学校、工地食堂等集体集聚区，大型农贸市场、超市或其他食品安全重点隐患区域的熟悉和掌控程度	5		
	台账建设（5 分）	3. 食品安全台账的建立和完善	5		
	遵守制度（5 分）	4. 遵守各类管理制度	5		

续表

项目	考核内容	评分标准	分值	考核分	备注
工作业绩分（80分）	隐患排查（40分）	5. 定期巡查、检查，并将检查情况记录在工作记录本上；认真督促落实完成检查后的隐患整改情况	15		
		6. 参与专项治理活动情况	5		
		7. 农村集体聚餐风险防控工作履职情况	20		
	协助执法（10分）	8. 参与食品摊贩备案工作情况	5		
		9. 参与配合食品安全违法违规线索移送、食品安全突发事件处置情况	5		
	信息报告（15分）	10. 对食品安全信息定期进行报送，对重要检查信息及时进行报送	15		
	宣传教育（10分）	11. 积极参加食安办和食品安全监管部门组织开展的各类宣传活动	5		
		12. 宣传资料发放、张贴到位情况	5		
	其他（5分）	13. 认真完成上级部门布置的其他食品安全相关工作完成情况	5		
一票否决项		凡被上级部门和领导点名批评、省市区考核扣分、新闻媒体曝光并经查证属实的，责任片区发生食品质量安全重大事故，当季考评得分均为0分，且不发放当季信息费			
合计			100		

二、隐患排查类工作制度

1. 乡镇（街道）食品安全隐患排查工作制度

一、全面掌握辖区内涉及食品生产经营单位数及基本情况（包括种植养殖、定点屠宰、食品生产、食品销售、餐饮服务等），及时收集更新食品生产经营户动态信息。

二、根据辖区实际情况，制定年度食品安全风险隐患排查计划，明确排查内容和方法。

三、定期组织有关人员对本辖区内的食品安全隐患进行集中排查，对排查出的风险隐患逐一进行分析和评估，确定隐患性质、产生原因、影响范围等情况，属于区域性、行业性的风险隐患信息，填写《食品安全风险隐患分析研判表》，并将《食品安全风险隐患分析研判表》报上级食安办和主管部门。

四、在隐患排查工作中，发现本辖区存在的食品安全隐患，超出其管辖权的，应当立即向上级食安办报告。

五、对辖区内排查出的风险隐患，如能在短期完成治理整改的，应立即采取措施进行治理排除；对情况复杂、短期内难以治理排除的，要制定整改方案和应对预案，落实治理整改措施、整改效果、责任人和期限等，防范突发事件的发生。

六、辖区各食品安全监管部门根据食品安全监管职责分工，对食品安全隐患所在单位实施重点监管，加大巡回检查的频次和力度，督促其尽快整改到位。隐患所在单位整改措施长期落实不到位的，要采取进一步的监督、查处措施。

七、积极会同有关食品安全监管部门对隐患整改措施落实情况进行督查督办。

2. 食品安全协管员隐患排查工作制度

一、食品安全协管员要积极服从乡镇（街道）食安办的统一安排部署，主动配合辖区各食品安全监管部门深入开展网格内食品安全日常管理工作，全面掌握网格内食品生产经营单位的分布和生产经营动态信息。

二、食品安全协管员对网格内食品生产经营主体定期开展隐患排查，并将排查结果上报乡镇（街道）食安办，或上传智慧监管平台。

三、风险排查对象是本辖区内从事食用农产品和食品生产经营的主体，特别是“三小”生产经营户（小作坊、食品摊贩、小餐饮）。

四、风险排查的重点是把好“主体资格、环境设施、原料管理、过程控制、人员管理”五个方面。

五、风险排查过程中发现有违法违规生产经营等危害食品安全的行为，应立即劝阻或进行风险提示，及时通报相关食品安全监管部门，并积极协助相关食品安全监管部门依法进行查处。

三、协助执法类工作制度

乡镇（街道）食品安全协助执法制度

一、全面掌握辖区内涉及食品生产经营单位数及基本情况（包括种植养殖、定点屠宰、食品生产、食品销售、餐饮服务等），及时收集更新食品生产经营户动态信息。

二、小作坊管理。协助食品安全监管等部门开展食品小作坊调查摸底和协助日常管理的工作。

三、食品摊贩管理。负责或督促相关部门划定食品摊贩经营区域，确定食品摊贩经营时段；负责食品摊贩备案管理，发放食品摊贩信息公示卡，并督促公示信息公示卡和健康证明；协助和落实食品安全监管等部门开展食品摊贩日常管理的工作内容和岗位责任。

四、小餐饮管理。协助有关部门将小餐饮纳入网格化社会治理，协助和落实开展日常管理和联合执法的工作内容和岗位责任。

五、协助执法工作。配合食安委成员单位处理食品安全举报投诉、开展应急处置和查处食品安全违法违规行为等工作。

四、信息报告类工作制度

1. 乡镇（街道）食品安全信息报告制度

一、加强食品安全信息报告工作，开展对协管员食品安全信息联络报送工作的业务培训。

二、各行政村（社区）协管员负责收集、汇总、分析整理网格内食品安全信息并报乡镇（街道）食安办；辖区各食品安全相关部门，负责收集、汇总、整理报送本系统的食品安全监督管理工作信息，并及时报送上级主管部门，抄送乡镇（街道）食安办；乡镇（街道）食安办负责收集、汇总、分析整理本乡镇（街道）食品安全信息并报上级食安办。

三、食品安全信息报送内容和要求

1. 对属地的各类食品安全日常信息、报表等，定期上报。

2. 对属地的各类食品安全重要信息，及时上报。包括但不限于以下信息：重大食品安全隐患线索；食物中毒、突发食品污染事件及人畜共患病等；重要媒体舆情信息；其他可能引发事态扩大、影响社会稳定的案情或舆情信息。

3. 因瞒报、漏报、迟报、缓报信息，造成严重影响的，应追究有关部门领导及直接责任人的责任。

4. 食品安全信息的报告要遵循实事求是和科学合理的原则，保证信息准确、及时、客观、公正。

2. 乡镇（街道）食品安全事故报告制度

一、乡镇（街道）食安委及其办公室负责受理、汇总、分析、整理管辖范围内的食品安全事故报告，组织协调和配合有关单位开展应急救援工作，协助控制不良事态发展。

二、食品安全事故报告的范围，包括在食品种植养殖、食品生产、食品销售、餐饮服务等环节中发生的食源性疾病、重大食品质量安全事件、群体性食品安全事件、重大制售假劣食品案件及其他严重影响公众健康的食品安全事件。

三、发生食品安全事故的单位和接收事故疾患者诊治的卫生院，应及时向街道食安委及其办公室报告事故情况。

四、报告内容

1. 发生事故的单位、地址；

2. 事故疾患者（含疑似患者）的发病时间、发病人数、临床症状及体征；

3. 治疗单位、地址，抢救治疗的基本情况；

4. 事故现场采取的措施和调查处理的工作进度；

5. 事故原因、性质的初步判断；

6. 需要相关单位协助事故救援和处理的有关事宜；

7. 事故的报告单位、联系人和联系电话及报告时间。

五、报告应采用电话、传真或其他快捷有效的方式。电话或口头报告的应当做好记录。

六、乡镇（街道）食安委及其办公室在接到食品安全事故报告后，应当及时报告乡镇（街道）政府及上级食安办和相关职能部门。

七、对食品安全事故不得瞒报、迟报、漏报、谎报或阻碍他人报告，对瞒报、迟报、漏报、谎报的有关责任人，将视情节，予以严肃处理。

五、宣传教育类工作制度

乡镇（街道）食品安全宣传教育制度

一、拟定本辖区年度食品安全宣传教育计划。开展食品安全进学校、社区、农村等宣传活动；鼓励利用宣传栏、电子显示屏、门户网站、微信公众号等信息化手段，向公众宣传食品安全知识、法律法规和监管工作成效。

二、每年至少开展 2 次针对食安办工作人员和村（社区）协管人员的业务培训活动。

三、通过宣传橱窗、现场服务、发放资料等形式，广泛开展多种形式的食品安全宣传教育服务活动，提高防范意识。

四、联合监管部门督促食品小作坊、食品摊贩、小食杂店、小餐饮、农村集体聚餐等从业人员自觉学习，参加培训；督促食品生产经营主体的食品安全管理人员参与多种形式的培训学习，接受监管部门的抽查考核；推动种植养殖大户、农业企业和食品生产经营企业负责人参加食品安全法律法规集中培训。引导食品从业者牢固树立法律、道德、诚信意识，落实食品安全主体责任。

五、及时按照上级部署开展相关的食品安全宣传教育活动。

第四章 食品安全风险隐患排查工作参考文本

一、食品安全隐患排查问题清单

食品安全隐患排查问题清单

清单版本：　　　　　　　　　　　　　　　　　修改时间：　　年　　月　　日

<table>
<tr><td colspan="2">编号</td><td>不同业态可能存在的问题清单</td></tr>
<tr><td colspan="2">A</td><td>种植主体</td></tr>
<tr><td colspan="2">A1</td><td>储存、使用禁用、限用农药</td></tr>
<tr><td colspan="2">A2</td><td>农药、化肥等农业投入品使用量不规范，无生产记录</td></tr>
<tr><td colspan="2">A3</td><td>农药使用后未达到合理间隔期产品即上市</td></tr>
<tr><td colspan="2"></td><td></td></tr>
<tr><td colspan="2">B</td><td>畜禽、水产养殖主体</td></tr>
<tr><td colspan="2">B1</td><td>储存、使用违禁兽药、渔药</td></tr>
<tr><td colspan="2">B2</td><td>饲喂饲料不合格，兽药、渔药使用量不规范，无使用记录</td></tr>
<tr><td colspan="2">B3</td><td>兽药、渔药使用后未达到合理休药期产品即上市</td></tr>
<tr><td colspan="2"></td><td></td></tr>
<tr><td colspan="2">C</td><td>食品生产加工主体（含食品小作坊）</td></tr>
<tr><td rowspan="4">主体资格</td><td>C1</td><td>无合法有效许可证明</td></tr>
<tr><td>C2</td><td>实际生产的场所、生产的品种与登记备案的信息不一致</td></tr>
<tr><td>C3</td><td>食品小作坊违法规定接受食品生产企业和其他食品小作坊的委托生产加工或者分装食品</td></tr>
<tr><td>C4</td><td>食品小作坊违法规定生产加工乳制品、罐头制品、用勾兑工艺生产的酒类、保健食品、特殊医学用途配方食品、婴幼儿配方食品和其他专供特定人群的主辅食品，以及国家和省规定的禁止生产加工的其他食品</td></tr>
<tr><td rowspan="5">环境设施</td><td>C5</td><td>加工场所入口处无更衣、洗手、干手、消毒设施，或设施不能正常使用</td></tr>
<tr><td>C6</td><td>原料处理和原料加工、包装、储存等场所环境不整洁</td></tr>
<tr><td>C7</td><td>食品小作坊加工场所与生活区未有效分隔</td></tr>
<tr><td>C8</td><td>顶棚、地面、门窗等不清洁</td></tr>
<tr><td>C9</td><td>存放废弃物的容器无标识、无盖子</td></tr>
</table>

续表

编号		不同业态可能存在的问题清单
原料管理	C10	原料仓库存放不允许使用（或超范围使用）的添加剂
	C11	原料仓库存在标识标签不符合法律法规和标准的产品
	C12	原料肉两证（合格证、检疫证）不齐全
	C13	有使用非食品原料、回收食品或病死畜禽加工行为
	C14	使用变质或超过保质期的原辅料（包括添加剂）
过程管理	C15	存在超范围、超限量使用食品添加剂现象
	C16	所使用的包装材料不符合相关规定
	C17	使用的洗涤剂、消毒剂不按规定使用，未专人、专柜保管
	C18	食品原料、半成品及成品，加工用容器、工具和设施等用户生活用品混放
	C19	成品仓库存放有超出备案范围产品
	C20	成品仓库有变质或超过保质期（回收）产品
	C21	待加工食品与直接入口食品、原料与成品，未分开存放
	C22	不合格品（回收）食品处置情况，无处置记录
人员管理	C23	从事接触直接入口食品工作人员无有效健康证明
	C24	从事接触直接入口食品工作人员在加工过程中未保持个人卫生
	C25	从事接触直接入口食品工作人员在加工过程未穿戴工作衣帽、未佩戴口罩
D		**食品销售主体（含小食杂店）**
主体资格	D1	无合法有效食品经营许可证或营业执照
	D2	未在经营场所明显位置张挂营业证照、食品经营许可证
	D3	实际经营品种不在许可范围内
环境设施	D4	经营场所环境不够卫生整洁，未采取防尘、防蝇、防鼠、防虫的措施
	D5	销售冷冻食品的，冷冻冷藏设施温度控制不符合要求，温度控制未校准
原料管理	D6	未履行进货查验（索证索票）义务，查验供货者的许可证和食品出厂检验合格证
	D7	未建立进货查验记录，相关单据或凭证未保存或保存期限少于六个月
过程控制	D8	销售“三无”、过期食品
	D9	销售腐败变质等感官性状异常的食品
	D10	预包装食品标签标识不规范
	D11	销售散装食品的，未在容器、外包装上标明食品名称、生产日期、保质期以及食品生产者的名称、地址、联系方式等
	D12	未定期对食品安全状况进行自查，未及时清理感官性状异常或超过保质期的食品
人员管理	D13	从事接触直接入口食品工作人员无有效健康证明

续表

编号		不同业态可能存在的问题清单
E		**食品摊贩**
主体资格	E1	未备案，或未在明显位置公示信息公示卡、健康证
	E2	违规经营生食水产品、自制生鲜乳、勾兑酒
环境设施	E3	防蝇、防虫、防尘设施不全，未使用卫生清洁食品工具
	E4	操作台面等加工销售设施不符合干净整洁的要求
原料管理	E5	采购的食品及原料、食品添加剂无合格证明
	E6	有过期、变质、劣质食品及原料、食品添加剂，或使用禁用原料和禁用添加剂
	E7	用水不符合生活饮用水卫生标准
过程控制	E8	生熟不分，存在交叉污染
	E9	餐饮具未清洗、消毒，或清洗、消毒不彻底
人员管理	E10	从业人员未保持个人卫生，或未穿戴洁净工作衣帽
	E11	从事接触直接入口食品工作人员无有效健康证明，或健康证未公示
F		**餐饮服务主体（含小餐饮）**
主体资格	F1	无合法有效营业执照或食品经营许可证（小餐饮备案登记证）
	F2	无餐饮食品安全信息公示牌
	F3	小餐饮超范围经营生食类食品、自制裱花蛋糕、自制生鲜乳
环境设施	F4	场所布局流程不符合要求，水产、肉禽、蔬菜清洗切配未分开
	F5	洗消、保洁设施数量与规模不匹配
	F6	存放废弃物的容器无标识、无盖子
	F7	室内外卫生不整洁、防蝇、防尘、防鼠设施不齐全
	F8	冷藏设施未定期维护，控制温度不准确，未定期除霜
原料管理	F9	未落实餐饮原料进货索证索票制度，未收集保留票据凭证
	F10	使用过期或腐败变质食品及原料
	F11	在火锅底料、自制调味品、自制饮料中，添加非食用物质和滥用食品添加剂
	F12	原料库防鼠通风措施不善，未离地离墙
	F13	原料库有超保质期原料或禁用原料
过程控制	F14	待加工食品与直接入口食品、原料与成品，没有分开存放
	F15	10 桌以上未留样或留样不规范
	F16	（专间）未做到“五专”（专人负责、专室制作、工具专用、洗手消毒专用和冷藏专用），操作未严格按要求，操作人员未戴口罩
	F17	（食品添加剂）未做到“五专”（专人采购、专人保管、专人领用、专人登记、专柜保存），严禁添加非食用物质
	F18	餐厨垃圾未定向回收

续表

编号		不同业态可能存在的问题清单
人员管理	F19	从事接触直接入口食品工作人员无有效健康证明
食品安全管理	F20	台账不齐全（索证索票和进货查验、餐饮消毒记录、从业人员培训记录、食品安全自查、餐厨废弃物处置记录）
G		**农村集体聚餐**
主体资格	G1	加工制作生食类食品
环境设施	G2	环境卫生不良，未远离污染源
	G3	用水不符合生活饮用水卫生标准
	G4	防蝇防尘设施不完备
原料管理	G5	采购、使用或贮存腐败变质、过期、“三无”等不符合食品安全标准的食品及原料、食品添加剂，或使用亚硝酸盐、河豚和有毒蘑菇等禁用原料和添加剂
过程控制	G6	加工制作过程不规范，过早制作凉菜类菜品，热菜未烧熟煮透
	G7	生熟未分开，存在交叉污染风险
	G8	自制餐饮具未清洗消毒或清洗消毒不彻底，使用无正规来源的一次性餐饮具或集中消毒餐具
	G9	10 桌以上未留样或留样不规范
人员管理	G10	从事接触直接入口食品操作人员无有效健康证明或患有有碍食品安全的疾病

注：各地可根据实际情况和工作需要对该清单内容进行调整，但需注明版本号和更新的时间，便于与食品安全隐患排查汇总记录表对应。

二、食品安全隐患排查汇总记录表

食品安全隐患排查汇总记录表

序号	单位名称（姓名）	业态	地址	联系人	联系电话	清单版本：___ 发现问题编号

续表

序号	单位名称（姓名）	业态	地址	联系人	联系电话	清单版本：___ 发现问题编号

注：业态（填序号）：A 为种植主体，B 为畜禽、水产养殖主体，C 为食品生产加工主体（含食品小作坊），D 为食品销售主体（含小食杂店），E 为食品摊贩，F 为餐饮服务主体（含小餐饮）。

发现问题编号：填入食品安全隐患排查问题清单中对应的问题清单版本号问题编号。

检查人签字：　　　　　　　　　　检查日期：　　年　　月　　日

三、食品安全风险隐患分析研判表

食品安全风险隐患分析研判表

编号：

<table>
<tr><td>排查部门</td><td>是否新发现</td><td>□是□否</td></tr>
<tr><td>品种名称</td><td colspan="2"></td></tr>
<tr><td>风险隐患概述</td><td colspan="2"></td></tr>
<tr><td>隐患性质</td><td colspan="2">□非法添加非食用物质，使用禁用农药、兽药，发现致病性微生物
□经营病死、毒死、死因不明，或未经检验、检疫，或检验、检疫不合格的肉类及其制品
□抽查检验中发现某类食品检出不合格率较高，或在不同区域连续多次发现同样质量安全问题的
□某一类食品不合格指标超过一定数值，足以造成严重危害的
□食品生产经营无证无照情况在某一区域、时段特别突出的，可能成为区域性风险的
□专供婴幼儿和其他特定人群的主辅食品不符合食品安全标准的
□其他食品安全隐患</td></tr>
</table>

续表

隐患产生原因	□其他食品安全隐患 □法律法规空白 □监管缺失 □监管职责不明 □行业基础薄弱 □行业潜规则 □经营者违法或违规 □企业质量安全控制体系失效 □经营者责任意识淡薄 □外部环境污染□其他		
影响范围	行业：□辖区非支柱行业□辖区支柱行业 区域：□全乡镇（街道） □全县（市、区） □全市□全省		
是否需要开展整治（如填是，请简要概述整治措施）			
是否上报		上报部门	
意见与建议			

填表人　　　　　　　　日期：　　年　　月　　日

审核人　　　　　　　　日期：　　年　　月　　日

四、食品安全风险隐患整治效果确认表

食品安全风险隐患整治效果确认表

编号：

排查部门	
品种名称	
风险隐患概述	
整治措施	
取得成效	
是否仍存在风险（如果是，请填写下一步工作措施）	

填表人　　　　　　　　日期：　　年　　月　　日

审核人　　　　　　　　日期：　　年　　月　　日

第五章 农村集体聚餐申报及管理工作参考文本

一、农村集体聚餐报告记录表

农村集体聚餐报告记录表

（参考式样）

申报时间：　　年　　月　　日

举办者姓名		举办者联系电话	
举办者所在村（居）		聚餐次数	
		最多的一次聚餐人数	
聚餐地点		聚餐时间	
承办者姓名及住所		承办者联系电话	
承办者是否取得备案登记证		登记证号	
聚餐相关情况说明（缘由等）			

记录人员：　　　　联系电话：　　　　时间：　　年　　月　　日

二、农村集体聚餐食品安全责任书

农村集体聚餐食品安全责任书

（参考式样）

甲方（聚餐举办者）：

乙方（承办厨师）：

为确保农村家宴的食品安全，明确甲乙双方的责任如下：

一、甲方是家庭集体聚餐食品安全的第一责任人，乙方是食品安全的直接责任人，双方要严格执行食品安全相关规定。

二、甲乙双方明确原材料采购方后，负责采购一方不得购买腐败变质、生虫长霉、有毒有害、病死毒死、超过保质期及不新鲜的食品和原料。

三、乙方人员应持有效健康证明上岗。甲乙双方应按照《农村集体聚餐食品安全告知书》中相关要求规范操作。

四、发生食品安全事故后，甲、乙双方必须立即报告有关部门，积极配合有关部门开展救治及事故调查工作，并依据相关法律法规进行赔偿。

附件 1 宴席安排

附件 2 宴席菜单

附件 3 服务承诺

甲方（签字）：　　　　　　　　　　乙方（签字）：

年　　月　　日　　　　　　　　　　年　　月　　日

附件 1 宴席安排

<table>
<tr><td rowspan="3">席次安排</td><td colspan="3">第一天：________年________月________日
□早（桌数____，每桌____人，每桌菜价______元，开席时间：______）
□中（桌数____，每桌____人，每桌菜价______元，开席时间：______）
□晚（桌数____，每桌____人，每桌菜价______元，开席时间：______）</td></tr>
<tr><td colspan="3">第二天：________年________月________日
□早（桌数____，每桌____人，每桌菜价______元，开席时间：______）
□中（桌数____，每桌____人，每桌菜价______元，开席时间：______）
□晚（桌数____，每桌____人，每桌菜价______元，开席时间：______）</td></tr>
<tr><td colspan="3">第三天：________年________月________日
□早（桌数____，每桌____人，每桌菜价______元，开席时间：______）
□中（桌数____，每桌____人，每桌菜价______元，开席时间：______）
□晚（桌数____，每桌____人，每桌菜价______元，开席时间：______）</td></tr>
<tr><td>酒水情况</td><td colspan="3">□由甲方提供　　□由乙方提供　　□其他</td></tr>
<tr><td>其他服务项　目</td><td></td><td>其他服务项目费用</td><td>￥：　　　　元</td></tr>
</table>

附件 2 宴席菜单

宴席菜单

菜点名称及具体要求
（可附粘贴页）

附件 3 服务承诺

服务承诺

乙方作出以下服务承诺：

1. 乙方保证安排双方约定的服务厨师负责本次宴席服务，在本合同约定的宴席服务时间内，该厨师仅能为甲方提供宴席服务，不得服务其他宴席。
2. 乙方承诺本次宴席中使用的食品及食品原料到正规渠道采购，并进行索证索票、台账登记、分类保存。
3. 乙方建立食品安全管理制度并配备食品安全管理人员，认真核查本次宴席中使用的各类食品索证索票情况，确保票证一致；督促厨师按要求加工制作，保证提供的食品及服务安全卫生。
4. 乙方保证本次宴席中服务的厨师、厨房员工、服务员具有相应资质，持有从业人员健康证明和培训合格证明。
5. 乙方按要求开展食品留样。
6. 发生食品安全事故的，乙方及时报告市场监管部门及街镇食药安办，并配合相关调查。

三、农村集体聚餐承办人员信息一览表

农村集体聚餐承办人员信息一览表

乡镇（街道）______村（社区） 编号

举办人姓名			手机		聚餐类型	婚宴□ 生日□ 建房□ 乔迁□ 丧事□ 其他□		
聚餐地点			聚餐时间		月 日至 月 日			
					拟办餐次		参加人数	
厨师和帮工情况			厨师来源：家庭成员□ 亲朋好友□ 外请厨师□					
厨师		帮工		姓名		联系电话		健康证明 有□ 无□
厨师		帮工		姓名		联系电话		健康证明 有□ 无□
厨师		帮工		姓名		联系电话		健康证明 有□ 无□
厨师		帮工		姓名		联系电话		健康证明 有□ 无□
以下由受理部门填写								
指导单位			指导方式	现场□ 视频□		指导人员		
聚餐情况汇总	共办餐次（ ）人数（ ）指导人次（ ）食物中毒人数（ ）							

备注：

1. 该表由受理人员填写，每餐次的菜单作为附件。
2. 根据分类指导原则，需乡镇（街道）指导的，应及时将此表发至乡镇（街道）。

申报人： 受理人： 填表时间： 年 月 日

四、农村集体聚餐食品安全风险防控承诺书

农村集体聚餐食品安全风险防控承诺书

为确保农村集体聚餐人员的饮食用餐安全，本次聚餐举办者和承办厨师特作出如下承诺：

一、本人已领取《农村集体聚餐食品安全风险防控告知书》，并完全知晓相关内容。

二、在承办集体聚餐的过程中，本人将认真遵守《农村集体聚餐食品安全风

险防控告知书》的相关规定，并承诺履行保障食品安全的一切责任。

三、在举办聚餐过程中，接受食品安全现场指导，并针对指导人员提出的整改意见进行整改。

四、如造成食品安全事故及其他食源性疾患，本人将完全配合监管部门的调查，并承担相应的法律责任。

聚餐举办人签名：　　　　　　　　承办厨师签名：

年　月　日　　　　　　　　　　　年　月　日

五、农村集体聚餐食品安全风险防控告知书

农村集体聚餐食品安全风险防控告知书

为有效预防食物中毒和食源性疾患的发生，切实保障广大群众身体健康和生命安全，现就举办农村集体聚餐食品安全风险防控的具体要求告知如下：

1. 人员健康：承办宴席的厨师及帮工人员应持有有效健康证明，并保持良好的个人卫生；严禁患有痢疾、伤寒、病毒性肝炎（甲型、戊型）等消化道传染病的人员，以及患有活动性肺结核、化脓性或者渗出性皮肤病等有碍食品安全的疾病的人员，从事接触直接入口食品的工作。

2. 场所环境：食品加工场所应远离垃圾堆、禽畜圈养地及其他污染源 25 米以上，要有防蝇、防尘设施，并保持良好的清洁卫生，不得有鸡、鸭、猪、狗、猫等家禽家畜进入。

3. 设备设施：餐用具和盛放直接入口食品的容器，使用前应洗净消毒，做到分类使用、生熟分开，严防交叉污染。

4. 食谱菜单：拟在集体聚餐期间供应的食谱，应提前报送指导人员进行食品安全风险审查；不提倡食用冷菜和外购直接入口的熟食品。

5. 禁止行为：原料及配料要从正规渠道进货，购货后应索取票据。不得采购、使用腐败变质、油脂酸败、霉变生虫、污秽不洁、混有异物、掺假掺杂或者感官性状异常的食品，病死、毒死或者死因不明的禽、畜、兽、水产动物肉类及其制品，超过保质期、无标签的预包装食品及其他有毒有害的食品或非食用物质。不加工河豚、青占鱼、鲜黄花菜、发芽土豆、野生菌等易引起食物中毒的食

物；不加工制作生食类食品；不提供外购熟食制品；不得采购、贮存、使用亚硝酸盐；不得违法添加非食用物质和滥用食品添加剂。

6. 加工制作：动物性、植物性和水产品必须分类清洗分类切配；河蟹、甲鱼、黄鳝等含高蛋白易变质的食品，必须活杀，现杀现用；食品原料、半成品和成品应分开存放；肉类、水产等食品若不能及时加工处理，应进行冷藏保存；加强有毒有害物品的管理，严防有毒有害物品污染或被误食误用；需加热的食品应烧熟煮透，加工时食品中心温度应不低于 70℃；烹调后至食用超过两小时的食品，应当在高于 60℃或低于 8℃的条件下存放；隔餐或隔夜的熟制品必须再次充分加热后方可食用。所有用水必须符合生活饮用水卫生标准。

7. 食品留样：一次就餐超过 100 人时，对每餐宴席使用的易腐食品必须留存125 克以上样品，冷藏保存 48 小时以上。

8. 应急处置：就餐后如出现恶心、呕吐、腹痛、腹泻等不良反应，举办者应及时将病人送当地医疗机构就诊，并立即报告当地行政村（社区）或食品安全协管员，同时保护好现场。

9. 法律责任：集体聚餐出现食物中毒，举办者和承办者均要依法承担食品安全责任。

六、农村集体聚餐食品安全十条提示

农村集体聚餐食品安全十条提示

近年来，在农村和城乡接合部（以下称农村地区）集体聚餐活动增多。为保障群众饮食健康，预防群体性食物中毒事件的发生，区食品药品安全委员会办公室、区食品药品监督管理局发出如下警示：

1. 农家宴一次性用餐人数超过 50 人的，要提前 48 小时主动、及时将聚餐菜单、举办地点、参加人数等信息告知村食品安全信息员，签订食品安全承诺书。

2. 农家宴举办者和承办者是食品安全第一责任人，要在加工制作现场将事前报告、从业人员信息、原辅材料采购、安全承诺等情况提前公示，接受社会监督。

3. 加工场所保持内外环境整洁，配备足够照明、通风装置和有效防蝇、防尘、排污及存放废弃物的设施；配备食品及原料冷冻、冷藏设施；配备食品加工工具、用具、餐具清洗消毒及保洁设施等。

4. 应从正规渠道采购食品原料，并保留完整的食品采购票据。不采购有毒、有害、腐烂变质、混有异物和其他感官性状异常的食品；不采购无检疫合格证明的肉类食品；不采购食品标签内容不全，或超保质期的预包装食品。

5. 食品加工过程必须烧熟、烧透，菜肴应尽可能现烧现吃，从烹饪后至食用不得超过2小时。隔餐或隔夜的熟制品，须经再次充分加热后方可食用。

6. 各类容器、餐具、饮具在使用前必须清洗、消毒、保洁，刀具、砧板、容器要生熟分开，防止交叉污染。

7. 承办农家宴的厨师和加工服务人员要有健康合格证明，保持良好的个人卫生。

8. 对宴席供餐的各种食品，应当每种留取不少于125克，密闭分装冷藏保存48小时留样备查。

9. 不加工凉菜、青占鱼、四季豆、鲜黄花菜、发芽土豆、野生菌等易引发中毒的食物；不生吃水产品；饮用和洗涤用水须用自来水。

10. 一旦有群众发生不适或明显食物中毒症状，应及时到正规医疗机构诊治，立即向当地村协管员、乡镇食安办报告或拨打12331，并同时保护好现场。

七、农村集体聚餐食品安全风险防控现场指导表

农村集体聚餐食品安全风险防控现场指导表
（参考式样）

聚餐地点：

举办者姓名：　　　　联系电话：　　　　承办者姓名：　　　　联系电话：

检查项目	检查内容	是否符合要求	
		是	否
人员管理	1. 承办家宴厨师及帮厨人员是否持有有效健康证明		
	2. 家宴厨师及帮厨人员是否有留长指甲、涂指甲油、佩戴饰物、手部不清洁，是否在食品处理区内吸烟和饮食、未更换清洁工作服、工作帽等可能污染食品的行为		
	3. 家宴厨师和服务人员是否患有有碍食品安全疾病的从事直接入口食品服务		

续表

检查项目	检查内容	是否符合要求	
		是	否
场所环境	4. 食品加工场所是否远离垃圾堆、禽畜圈养地及其他污染源 25 米以上		
	5. 食品加工场所环境是否清洁卫生		
	6. 食品加工场所是否有鸡、鸭、猪、狗、猫等家禽家畜进入		
	7. 食品加工场所是否存放农药、化肥和鼠药等		
设施设备	8. 是否有洗手消毒设施		
	9. 是否有防蝇、防尘设施		
	10. 是否配备冷冻冷藏设施		
	11. 是否有动物类、植物类、水产品分类清洗盆		
	12. 是否有动物类、植物类、水产品分类切配工用具和容器		
	13. 是否有餐具消毒设施（建议使用煮沸消毒）		
采购贮存	14. 是否使用腐败变质、油脂酸败、霉变生虫、污秽不洁、混有异物、掺假掺杂或者感官性状异常的食品，病死、毒死或者死因不明的禽、畜、兽、水产动物肉类及其制品，超过保质期、无标签的预包装食品及其他有毒有害的食品或非食用物质，以及河豚、野生蘑菇等有毒动植物		
	15. 食品原料、半成品、成品是否分开存放，有否生熟混放		
	16. 需冷藏条件下保存的食品是否及时冷藏		
加工制作	17. 动物类、植物类、水产品有否分类清洗分类切配		
	18. 河蟹、甲鱼、黄鳝等高蛋白易变质食品，是否现杀现用		
	19. 半成品容器有否直接放地面，成品容器有否相互叠放或直接放地面		
	20. 需加热的食品是否烧熟煮透，加工好的食品是否妥善保存		
	21. 烹饪后至食用是否超过 2 小时		
	22. 隔餐或隔夜的熟制品是否再次充分加热		
餐用具清洗消毒	23. 餐具、饮具和盛放直接入口食品的容器，是否洗净消毒，做到分类使用、生熟分开		
	24. 炊具、用具用后是否洗净，保持清洁		
食品留样	25. 每餐使用的高风险食品如冷菜等是否按要求进行留样，是否按要求留存样品 125 克以上，冷藏保存 48 小时以上		
整改建议：			

举办者（承办厨师）签字：　　　　　　现场指导人员签字：

日期：　　年　　月　　日

八、农村集体聚餐流动厨师信息登记表

农村集体聚餐流动厨师信息登记表

<table>
<tr><td>姓名</td><td></td><td>性别</td><td></td><td rowspan="4">照片</td></tr>
<tr><td>身份证号</td><td></td><td>联系电话</td><td></td></tr>
<tr><td>家庭住址</td><td></td><td>文化程度</td><td></td></tr>
<tr><td>健康证有效期</td><td></td><td>培训情况</td><td></td></tr>
<tr><td>主要活动服务区域</td><td colspan="4"></td></tr>
<tr><td>传染性疾病史</td><td colspan="4"></td></tr>
<tr><td>登记意见</td><td colspan="4"></td></tr>
<tr><td>管理记录</td><td colspan="4"></td></tr>
</table>

备案机构（盖章）：　　　　　备案时间：　　年　　月　　日

九、农村集体聚餐流动厨师基本情况统计表

农村集体聚餐流动厨师基本情况统计表

____________镇（街道）____________年

序号	姓名	性别	年龄	家庭住址	联系电话	从事年限	健康证明（健康证编号）
1							
2							
3							
4							
5							
6							
7							
8							
9							
10							

十、村（社区）农村集体聚餐报告登记汇总表

村（社区）农村集体聚餐报告登记汇总表

__________镇（街道）__________村（社区）　　　　____年____月

举办人姓名	聚餐时间	聚餐人数	事由（打√）			主管厨师姓名	厨师健康体检证明（打√）		现场检查指导		指导人
			结婚	丧事	其他		有	无	是(填时间)	否	

十一、乡镇（街道）农村集体聚餐报告登记汇总表

乡镇（街道）农村集体聚餐报告登记汇总表

__________镇（街道）　　　　____年____月

村（社区）名	婚宴		丧事		其他		现场检查指导		合计		指导人
	次数	人数	次数	人数	次数	人数	是(填时间)	否	次数	人数	
合计											

第六章 食品摊贩备案管理参考文本

一、食品摊贩备案信息登记表

食品摊贩备案信息登记表

（参考样式 1）

<table>
<tr><td>姓名</td><td></td><td>性别</td><td>□男□女</td><td colspan="2" rowspan="4">此处粘贴身份证复印件（电子信息登记上传身份证扫描件）</td></tr>
<tr><td>住址</td><td colspan="3"></td></tr>
<tr><td rowspan="2">联系方式</td><td>手机</td><td colspan="2"></td></tr>
<tr><td>固定电话</td><td colspan="2"></td></tr>
<tr><td>经营区域</td><td></td><td>摊位号</td><td></td><td>经营品种</td><td></td></tr>
<tr><td colspan="6">诚信经营承诺
本人所提供的所有信息均真实有效，本人将严格遵守食品安全法律法规的规定，在备案机关划定区域内经营，服从监管部门管理。

备案人：
年　月　日</td></tr>
<tr><td colspan="6">食品摊贩备案编号：
××（县、市、区）××乡镇（街道）食摊备案〔备案年份〕××××号

备案机关：（盖章）
年　月　日</td></tr>
</table>

注：

1. 本信息登记表仅供参考，各备案机关可根据实际予以修正。

2. 备案编号示例："广陵汤汪食摊备案〔2016〕0001 号"为广陵区汤汪乡 2016 年第 1 个食品摊贩备案编号。

食品摊贩经营信息登记表

（参考样式 2）

登记备案号：

申请人	申请人姓名		联系电话		申请人照片（两寸免冠彩照）
	身份证号码				
	住址				
从业人员	姓名	身份证号码	健康证明		
			□有□无		
			□有□无		
登记事项	本次登记	□ 首次登记 □变更登记 □ 延续登记 □ 注销（□申请注销 □依法注销）□补发			
	经营范围	□ 销售类 □ 现场制售类			
	经营场所				
	经营时段				
	食品销售类经营项目	1. □预包装食品销售（□含冷藏冷冻食品 □不含冷藏冷冻食品） 2. □散装食品销售（□含冷藏冷冻食品 □不含冷藏冷冻食品） 3. □其他			
	现场制售类经营项目	（需填写现场制售食品或者提供餐饮的食品品种名称）			
	原料采购	□ 集中统一配送 □ 自行分散采购			
	主要设施设备	□ 冰箱/冰柜 □ 清洗设施设备 □ 食品防污染设施 □ 其他（请注明 ______________________）			
提交的资料	□食品摊贩经营信息登记表 □摊主身份证件、户籍或者居住证明 □从事接触直接入口食品工作的从业人员健康证明 □其他（ ）				
申请人签名： 填表日期： 年 月 日			乡（镇）人民政府、街道办事处意见（盖章）： 签署日期： 年 月 日		

说明：

1. 表格也可自行从登记机构网站下载电子版填写打印，签名需使用黑色签字笔手写；表中带有“□”的选择项目，请在所选择项目前的“□”中打“√”，“其他”项填写经营的食品品种名称；“登记备案号”由登记机构填写。

2. 提交的文件、证明为复印件的，应当使用 A4 纸，注明“与原件一致”并由申请人签名。登记表中的申请人和承诺书的承诺人签名须为摊主本人。

3. 本登记表使用 A4 纸正反面使用。

二、食品摊贩经营食品安全承诺书

食品摊贩经营食品安全承诺书

为确保本摊位食品安全，本人郑重承诺：

一、严格遵守《中华人民共和国食品安全法》《××省食品小作坊和食品摊贩管理条例》等法律法规、规范性文件的要求，对所经营的食品安全承担法律责任。

二、对提交的申请材料的真实性、合法性负责。

三、保证具备食品安全的卫生设施和环境条件、杜绝食物中毒和食源性疾病的发生。

四、落实进货查验制度，保证采购的食品、食品原料和食品包装材料符合国家相关食品安全标准和要求。销售的食品符合法律法规规定和食品安全标准要求。

五、保证做好食品从业人员个人卫生管理，患有有碍食品安全疾病的人员不从事接触直接入口食品和现场制售食品的经营活动。

六、发现食品或者食品原料有安全隐患，应当立即停止销售、封存，并及时向监管部门报告。配合监管部门的监督检查，做到合法经营、诚信经营。

七、妥善保管信息登记公示卡，不得转让、涂改、出借、出租、伪造。

八、遇经营区域有重大活动或交通管制时，遵从登记部门统一安排。

承诺人签名：

年　　月　　日

三、食品摊贩信息公示卡

食品摊贩信息公示卡

（参考样式 1）

××市食品摊贩公示卡

<table>
<tr><td colspan="2">（**）食品摊贩备字〔****〕第 **—****** 号</td><td rowspan="4">摊主照片
（两寸彩照）</td></tr>
<tr><td>摊主姓名</td><td></td></tr>
<tr><td>经营地址</td><td></td></tr>
<tr><td>经营摊位</td><td></td></tr>
<tr><td>经营品种</td><td></td><td></td></tr>
<tr><td>经营时段</td><td></td><td></td></tr>
<tr><td colspan="3">备案机关：（章）
备案时间：年 月 日</td></tr>
<tr><td colspan="3">（备注：持本卡的经营者，应按规定的时段在指定场所从事经营活动，本证备案事项发生改变应向备案机关交回此卡，重新办理备案手续。）</td></tr>
</table>

食品摊贩信息公示卡

（参考样式 2）

<table>
<tr><td colspan="4">食品摊贩信息公示卡（正面）</td></tr>
<tr><td>经营者</td><td></td><td>从业人员</td><td></td></tr>
<tr><td>备案编号</td><td colspan="3"></td></tr>
<tr><td>经营品种</td><td colspan="3"></td></tr>
<tr><td>经营区域</td><td></td><td>经营时段</td><td></td></tr>
<tr><td colspan="4">从业人员健康证粘贴处</td></tr>
<tr><td colspan="4">备案部门（盖章）：
备案时间：年 月 日</td></tr>
<tr><td colspan="4">食品摊贩信息公示卡（背面）</td></tr>
<tr><td colspan="4">食品摊贩经营须知
1. 依法诚信经营，严格遵守《中华人民共和国食品安全法》《××省食品小作坊和食品摊贩管理条例》。
2. 服从统一管理，及时清理场地，保持环境整洁卫生。
3. 在经备案经营区域、经营时段内经营。
4. 本信息公示卡仅限摊主本人经营，不得转借他人。</td></tr>
</table>

注：

1. 信息公示卡尺寸：25 厘米×15 厘米。
2. 信息公示卡样式应为淡蓝底黑字。

四、食品摊贩备案信息一览表

食品摊贩备案信息一览表

（参考样式）

序号	姓名	联系电话	经营项目	经营地址	备案编号	备案时间	健康证有效期限

××乡镇人民政府（街道办事处）

年　　月　　日

第七章 小餐饮备案、承诺书和隐患排查参考文本

一、小餐饮备案表

小餐饮备案表

（参考样式）

<table>
<tr><td>经营者名称</td><td></td><td>社会信用代码证
（证件号码）</td><td colspan="2"></td></tr>
<tr><td>法定代表人
（负责人）</td><td></td><td>联系电话</td><td colspan="2"></td></tr>
<tr><td>经营地址</td><td colspan="2">________市________县（市/区）________</td><td>面积（m^2）</td><td></td></tr>
<tr><td>网络经营</td><td colspan="4">□否　　□是</td></tr>
<tr><td>经营
项目</td><td colspan="4">□热食类食品制售
□冷食类食品制售
□糕点类食品制售（不含自制裱花类蛋糕）
□自制饮品制售（不含自制以生鲜乳为原料的饮品）</td></tr>
<tr><td colspan="5">提交的资料目录：
□ 1. 小餐饮备案承诺书
□ 2. 授权委托书以及委托人、代理人身份证复印件（委托办理时提供）
□ 3. 其他</td></tr>
<tr><td colspan="5">保证申明
本申请书中所填内容及所附资料均真实、合法；经营条件符合《中华人民共和国食品安全法》及其实施条例和《江苏省人民代表大会常务委员会关于加强小餐饮管理的决定》要求。如有不实之处，本人愿负相应的法律责任，并承担由此产生的一切后果。
申请人签字（盖章）：　　　　　　　　　　委托代理人签字：
　　年　　月　　日　　　　　　　　　　　　年　　月　　日</td></tr>
</table>

备注：

1. 经营者名称应当与营业执照上标注的名称一致。
2. 按营业执照上标注填写社会信用代码；如无社会信用代码，则填写经营者身份证号码。
3. 申请人应当结合自身情况，在申请表的“□”用“√”进行选择，经营项目可多选。

二、小餐饮备案承诺书

小餐饮备案承诺书
（参考样式）

一、严格遵守《中华人民共和国食品安全法》及其实施条例、《江苏省人民代表大会常务委员会关于加强小餐饮管理的决定》等法律、法规的规定，履行食品安全第一责任人的责任和义务，对经营的食品安全负责。

二、保证按照备案的经营项目加工供应食品，不经营法律、法规禁止经营的食品。

三、保证具备食品安全的设施设备和环境条件，杜绝食源性疾病的发生。

四、保证从业人员持有效健康证明上岗，患有有碍食品安全疾病的人员不从事接触直接入口食品的工作，保持个人卫生。

五、保证采购食品原料和食品包装材料进行索证索票，留存购货凭证，符合国家和本省相关食品安全要求和标准。

六、保证使用无毒、无害、清洁的食品包装材料、容器和售货工具，保证使用的餐饮具经清洗消毒，使用的一次性消毒餐饮具符合规定。

七、保证用水符合国家生活饮用水卫生标准，使用的洗涤剂、消毒剂对人体安全、无害。

八、保证餐厨垃圾、废弃油脂处理符合本省相关规定。

九、经营场所符合大气、噪声污染防治有关法律、法规等规定，与有毒、有害、易燃易爆场所和其他污染源保持安全距离。

十、自觉接受政府部门和社会公众的监督，做到依法诚信经营。

法定代表（负责人）签字：

年　　月　　日

三、小餐饮食品安全常见隐患清单及违法责任

小餐饮食品安全常见隐患清单及违法责任

风险项目	序号	隐患清单	规范要求	违法责任
备案公示	1	未取得营业执照并向市场监管部门备案	应取得营业执照，并向所在地市场监管部门备案	《无证无照经营查处办法》第十三条：责令停止违法行为，没收违法所得，并处一万元以下的罚款
	2	经营生食类食品、自制裱花类蛋糕、自制以生鲜乳为原料的饮品	应依法申请食品经营许可并取得食品经营许可证	《江苏省人民代表大会常务委员会关于加强小餐饮管理的决定》第十八条第三款：没收违法所得和违法经营的食品，并处二千元以上一万元以下罚款；情节严重的，责令停业，并处一万元以上五万元以下罚款
	3	未按规定公示小餐饮信息	应在就餐区醒目位置悬挂小餐饮信息公示卡等信息，接受社会监督。从事网络经营的，应当在网站经营活动主页面显著位置持续公示营业执照、小餐饮信息公示卡	《江苏省人民代表大会常务委员会关于加强小餐饮管理的决定》第十八条第一款：责令改正；拒不改正的，处二百元以上一千元以下罚款
从业人员	4	从业人员无有效健康证明	从业人员每年应进行健康体检，取得有效健康证明	《江苏省人民代表大会常务委员会关于加强小餐饮管理的决定》第十八条第二款：责令限期改正；逾期不改正的，处一千元以上五千元以下罚款；情节严重的，责令停业
	5	从业人员健康证明信息未公示	应在就餐区醒目位置公示从业人员健康证明	《江苏省人民代表大会常务委员会关于加强小餐饮管理的决定》第十八条第一款：责令改正；拒不改正的，处二百元以上一千元以下罚款
	6	从业人员卫生状况不符合要求	从业人员工作衣帽、双手清洁，头发、手部饰物不外露，未留长指甲、涂指甲油	《江苏省人民代表大会常务委员会关于加强小餐饮管理的决定》第十八条第二款：责令限期改正；逾期不改正的，处一千元以上五千元以下罚款；情节严重的，责令停业

续表

风险项目	序号	隐患清单	规范要求	违法责任
环境卫生	7	经营场所卫生状况不符合要求	要求经营场所环境干净、整洁，无积垢、霉斑，地面无积水，物品摆放整齐，配备有效的加工、冷藏、洗涤、消毒、防尘、防蝇、防鼠等设施	《江苏省人民代表大会常务委员会关于加强小餐饮管理的决定》第十八条第二款：责令限期改正；逾期不改正的，处一千元以上五千元以下罚款；情节严重的，责令停业
食品原料	8	采购食品及原料未索证索票，未履行查验	查验供货者的许可证和食品出厂检验合格证或者其他合格证明，记录或者留存相关信息，保证食品来源可追溯。预包装食品检查包装是否完整无损，标签信息是否齐全，在有效期内；散装食品检查是否有感官性状、气味、触觉异常	《江苏省人民代表大会常务委员会关于加强小餐饮管理的决定》第十八条第二款：责令限期改正；逾期不改正的，处一千元以上五千元以下罚款；情节严重的，责令停业
	9	食品及原料贮存不符合要求	食品及原料与有毒有害物品分开贮存，配有冷藏冷冻设施，并按食品标签明示的条件贮存	《江苏省人民代表大会常务委员会关于加强小餐饮管理的决定》第十八条第二款：责令限期改正；逾期不改正的，处一千元以上五千元以下罚款；情节严重的，责令停业
	10	使用过期变质食品原料或经营过期食品	定期检查清理食品库房、烹饪间，及时清理过期变质食品及原料	《江苏省人民代表大会常务委员会关于加强小餐饮管理的决定》第十八条第三款：没收违法所得和违法经营的食品，并处二千元以上一万元以下罚款；情节严重的，责令停业，并处一万元以上五万元以下罚款
加工过程	11	使用非食品原料制作食品或者在食品中添加食品添加剂以外的化学物质和其他可能危害人体健康的物质	不采购、使用亚硝酸盐以及食品添加剂以外的化学物质和其他不明物质加工食品	《江苏省人民代表大会常务委员会关于加强小餐饮管理的决定》第十八条第三款：没收违法所得和违法经营的食品，并处二千元以上一万元以下罚款；情节严重的，责令停业，并处一万元以上五万元以下罚款
	12	采购、使用法律、法规禁止食用的野生动物及其制品制作食品	不采购、贮存、使用法律、法规禁止食用的野生动物及其制品制作食品	《中华人民共和国野生动物保护法》第四十九条：责令停止违法行为，没收野生动物及其制品和违法所得，并处野生动物及其制品价值二倍以上十倍以下的罚款；构成犯罪的，依法追究刑事责任

续表

风险项目	序号	隐患清单	规范要求	违法责任
加工过程	13	使用未经检疫检验或者检疫检验不合格的肉类或病死、毒死、死因不明的禽、畜、水产动物肉类及其制品制作食品	从合法屠宰企业、集贸市场或食品经营者处采购，查验供货方证照，并留存“动物检疫证明”“肉品品质合格证”等合格证明文件	《江苏省人民代表大会常务委员会关于加强小餐饮管理的决定》第十八条第三款：没收违法所得和违法经营的食品，并处二千元以上一万元以下罚款；情节严重的，责令停业，并处一万元以上五万元以下罚款
	14	经营腐败变质、油脂酸败、霉变生虫、污秽不洁、混有异物、掺假掺杂或者感官性状异常的食品	采购食品原料应逐一进行查验，不符合要求的不得采购。加工前应对所使用食品原料进行感官检查，发现异常的不得用于加工制作	《江苏省人民代表大会常务委员会关于加强小餐饮管理的决定》第十八条第三款：没收违法所得和违法经营的食品，并处二千元以上一万元以下罚款；情节严重的，责令停业，并处一万元以上五万元以下罚款
	15	经营致病性微生物，农药残留、兽药残留、生物毒素、重金属等污染物质以及其他危害人体健康的物质含量超过食品安全标准限量的食品	采购食品原料应逐一进行查验，不符合要求的不得采购。加工过程严格遵循生熟分开、荤素分开	《江苏省人民代表大会常务委员会关于加强小餐饮管理的决定》第十八条第三款：没收违法所得和违法经营的食品，并处二千元以上一万元以下罚款；情节严重的，责令停业，并处一万元以上五万元以下罚款
	16	油脂不符合要求	不得使用以餐厨废弃物、废弃油脂为原料经加工制作的油脂制作食品	《江苏省人民代表大会常务委员会关于加强小餐饮管理的决定》第十八条第三款：没收违法所得和违法经营的食品，并处二千元以上一万元以下罚款；情节严重的，责令停业，并处一万元以上五万元以下罚款
	17	加工用水不符合规定	用水符合国家生活饮用水卫生标准（原则上使用市政自来水），用于制作鲜榨饮料、食用冰等食品的水经过规范净化处理	《江苏省人民代表大会常务委员会关于加强小餐饮管理的决定》第十八条第二款：责令限期改正；逾期不改正的，处一千元以上五千元以下罚款；情节严重的，责令停业

续表

风险项目	序号	隐患清单	规范要求	违法责任
加工过程	18	工用具、容器造成生熟交叉污染	加工过程中以颜色、文字、形状等方式区分生、熟加工的工具、容器等，避免交叉混用	《江苏省人民代表大会常务委员会关于加强小餐饮管理的决定》第十八条第二款：责令限期改正；逾期不改正的，处一千元以上五千元以下罚款；情节严重的，责令停业
食品添加剂	19	食品添加剂使用不规范	按照GB2760—2022《食品添加剂使用标准》规定使用食品添加剂；添加剂应存放在专柜（位）并标注“食品添加剂”字样；专册记录添加剂产品和使用信息，有最大使用量要求的应精准称量使用	《江苏省人民代表大会常务委员会关于加强小餐饮管理的决定》第十八条第三款：没收违法所得和违法经营的食品，并处二千元以上一万元以下罚款；情节严重的，责令停业，并处一万元以上五万元以下罚款
餐用具消毒	20	接触直接入口食品的餐具、饮具、容器消毒不符合规范要求	餐具、饮具和盛放直接入口食品的容器使用前洗净、消毒，已消毒的餐具、饮具按要求存放	《江苏省人民代表大会常务委员会关于加强小餐饮管理的决定》第十八条第二款：责令限期改正；逾期不改正的，处一千元以上五千元以下罚款；情节严重的，责令停业

四、小餐饮备案基本信息汇总表

小餐饮备案基本信息汇总表

（参考样式）

餐饮店名称	备案证号	法人 / 负责人	经营地址	备案日期	有效期至

第八章 食品安全宣传活动参考文本

一、食品安全宣传周活动工作方案

××镇食品安全宣传周活动工作方案

为贯彻省、市、县食品安全工作指示精神，认真组织开展好20××年食品安全宣传周活动，按照《××市食品安全委员会办公室关于印发〈××市20××年食品安全宣传周活动方案〉的通知》精神，结合我镇实际，特制定本方案。

一、指导思想

深入宣传贯彻党中央、国务院关于食品安全的重大决策部署，推动党委政府不断增强责任意识，推动食品安全监管部门不断提升监管执法能力和水平，引导食品行业市场主体不断强化主体责任，鼓励和调动社会力量广泛参与食品安全共建和实践创新，增强社会监督意识，推动食品安全新发展，共享食品安全新生活，不断增强人民群众的获得感、幸福感、安全感。

二、活动主题

20××年食品安全宣传周的主题为“共创食安新发展 共享美好新生活”，使用统一的“全国食品安全宣传周”标志。

三、宣传时间

××月××日至××月××日。

四、宣传重点

（一）深入宣传贯彻习近平新时代中国特色社会主义思想和党的二十大精神，围绕宣传周主题，突出宣传人人参与、共治共享的食品安全理念。

（二）集中展示镇级各部门立足新发展阶段，贯彻新发展理念，构建新发展格局，助力食品产业高质量发展，维护食品安全方面的新思路、新举措、新成效，树立政府部门公正公平的正面形象。

（三）引导食品行业市场主体严格自律，树立风险防控意识，提升管理水平，对从业人员广泛开展诚信守法教育，营造尚德守法的市场环境，促进企业诚信守法经营。

（四）倡导社会各界积极参与食品安全治理，加强科普宣传，强化风险交流，推动提升公众食品安全素养，弘扬勤俭节约的传统美德，树立科学消费理念，营造良好食品安全氛围。

（五）推动食品安全综合治理，开展食品安全周系列活动，激发广大社会公众积极参与食品安全治理，增强社会监督意识，提高食品安全科学素养和维权能力，营造浓厚的食品安全社会共治氛围。

五、活动内容

（一）集中开展“乡厨”大培训。由镇食安办牵头，针对农村集体聚餐风险隐患特征，全镇统一集中培训，组织市场监管执法人员、食安办监管人员，宣讲《中华人民共和国食品安全法》《中华人民共和国食品安全法实施条例》等食品安全法律法规，引导食品生产经营者学习法律知识，增强法治理念，树立法治思维，提升法治素养，推进落实食品安全主体责任。并对辖区“乡厨”进行食品安全法律法规、食品安全操作规范、预防食物中毒常识、农村集体聚餐“双报告双告知双承诺”等进行培训，培训结束后随堂考试，经考试合格发放《××县乡村厨师食品安全培训合格证》。

（二）食品安全开学第一课。由学校牵头，镇食安办配合，在中小学、幼儿园开展“大手拉小手 守护食品安全”开学第一课，通过观看食品安全科普视频、食品安全知识讲解、宣传单发放、互动问答、主题班会、食品安全“漫画”和“手抄报”等方式，为学生送上“食品安全知识大餐”，引导学生增强自我保护能力，自觉抵制不健康食品，养成营养健康、安全饮食的良好习惯。

（三）经营主体公开承诺活动。由镇食安办牵头，相关单位和各村（居）配合，持续加强《××市食品生产经营者落实食品安全主体责任规定（试行）》宣传，采取宣传教育与监督检查相结合的方法，引导食品生产经营企业落实食品安全主体责任，食品销售者签订《放心食品销售公开承诺书》并张贴公示，接受消费者监督，组织重点企业适时开展现场公开承诺。

（四）保健食品“五进”宣传。由镇食安办负责，相关单位和各村（居）配合，结合打击整治养老诈骗专项行动，开展保健食品安全知识宣传进社区、进乡村、进学校、进机关、进企业“五进”活动。针对老年人及保健食品消费量较大的人群，通过标语横幅宣传、展板宣传、典型案例曝光、防骗指南发放等方式，帮助广大消费者正确认识保健食品，提高保健食品选购能力，增强自我防范意识，自觉抵制保健食品欺诈和虚假宣传，营造良好的社会消费环境。

（五）开展全民线上答题。全体镇村干部参与并发动社会大众参与“掌上××”食品安全诚信经营知识“线上答题”活动，引导社会公众积极参与食品安全知识的学习掌握，构建人人参与的食品安全社会共治氛围。

（六）全镇开展主题活动。各村（居）和学校，通过 LED 大屏、横幅、宣传栏、乡音小喇叭宣传食品安全宣传周主题及相关科普知识，利用“赶场日”发放宣传手册、接受现场咨询、假冒伪劣产品展示等方式开展食品安全宣传周集中宣传活动，突出“共创食安新发展 共享美好新生活”主题。以事实和案例发挥以案释法、以案示警的作用，大力震慑食品安全领域违法犯罪行为，增强消费者对食品安全的意识和信心，警示食品生产经营者时刻抓好食品安全，提高民众满意度。

六、工作要求

（一）强化组织领导。成立以党委书记和镇长为组长（双组长制），分管副镇长为副组长，镇食药办、派出所、市场管理所、镇应急办、镇农业综合服务中心，学校、卫生院负责人及各村（居）支部书记（协管员）为成员的“食品安全宣传周活动”专项工作领导小组。高度重视此次宣传周活动，深度谋划，积极参与，加强工作保障，确保活动顺利开展。

（二）紧扣宣传主题。使用统一的“全国食品安全宣传周”标志（附件），围绕“共创食安新发展 共享美好新生活”主题，针对群众关注的食品安全热点难点问题，广泛开展丰富多彩、互动性强的传播活动，积极引导社会各界参与食品安全宣传周活动，营造良好的社会舆论氛围。

（三）强化活动效果。要推动宣传周活动重心下移，贴近实际、贴近生活、贴近群众，提高宣传的针对性、实效性和吸引力、感染力，要坚持集中宣传和日常教育相结合，认真总结宣传周活动的好经验、好做法，运用到常态化的食品安全宣传教育工作中，并逐步形成长效常态机制。

二、食品安全宣传活动记录表

食品安全宣传活动记录表

（参考样式）

活动内容		主要组织者	
活动时间		活动地点	
参与对象			
活动内容记录			

附件：宣传活动照片等材料。

三、食品安全宣传标语

食品安全宣传标语

安全食品，健康万家
法行天下，食者无忧
食品安全，百姓安康
食品安全，和谐万家
食品安全，人人有责
食之不安，行之不远
以人为本，饮食安全
保食品安全，筑健康长城
民以食为天，食以安为先
品放心食品，享健康生活
保障食品安全，共建和谐社会
保障食品安全，构建和谐校园
保证食品安全，接受社会监督
保证饮食健康，促进全面小康
采用先进标准，提高食品质量
诚信守法经营，保障食品安全
从源头抓质量，确保食品安全
关注食品安全，关爱生命健康
关注食品安全，建设平安社会
建立诚信体系，保障食品安全
情系食品安全，心铸和谐家园
食品安全是金，百姓健康是福
食品关乎生命，安全重于泰山
依法生产经营，确保食品质量
抓好食品安全，构建和谐社会
安全食品为大家，食品安全靠大家
创食品安全城市，吃安全放心食品
国富民安天下事，食品安全是大事

家事国事天下事，食品安全是大事
建食品安全体系，保千家万户健康
让顾客吃得心安，让品牌走得长远
少一份食品隐患，多一份生活平安
食安创建责在心，齐抓共管贵在行
食品安全记于心，健康幸福伴你行
食品安全连万家，齐抓共管你我他
食品安全齐监督，健康生活同构筑
食品安全是大事，群众利益无小事
食品安全无小事，群众健康是大事
食品安全系万家，社会共治靠大家
食品安全严把关，关爱生命责如山
食品安全有保障，绿色消费享健康
食品人品大家品，品食品人品和谐
想要健康活到老，食品安全不能少
严把食品安全关，共谱和谐社会曲
给食品多一点关注，对生命多一份负责
普及食品科学知识，提高安全防范意识
谱米面油盐安全曲，创食品安全示范城
强化主体责任意识，确保食品安全消费
人人关心食品安全，家家享受幸福生活
实施阳光食品工程，创建食品安全校园
食品安全从严把关，关爱生命责任如山
食品安全个个参与，和谐社会人人受益
食品安全共同监督，健康和谐人人受益
食品安全警钟长鸣，健康生活和谐温馨
食品安全你我同创，和谐健康大家共享
食品安全人人参与，安全食品家家受益
食品安全人人关心，安全食品人人放心
食品安全以人为本，监督管理以责为魂
食品监督人人有责，消费安全家家夙愿
提高食品安全意识，创造幸福美好生活

营造食品安全环境，确保公众身体健康
增强食品安全意识，提高全民身体素质
齐心协力抓食品安全，真心实意保群众健康
深入贯彻食品安全法，全力构建健康新家园
食品安全传递正能量，德法共举同建放心城
食品安全共同的心愿，社会和谐快乐的家园
食品安全关系你我他，安全食品惠及千万家
食品安全是您的权益，遵纪守法是您的义务
手牵手维护食品安全，心连心构筑和谐家园
营造食品安全大环境，呵护幸福健康小家庭
倡导企业诚信生产经营，落实食品安全主体责任
对食品安全多一点关注，为有限生命多一份负责
建设食品安全信用体系，打造健康产业诚信品牌
健康大厦始于一砖一石，食品安全凝聚一点一滴
千好万好食品安全为好，金贵银贵生命平安最贵
全面实施食品放心工程，促进经济社会和谐发展
群策群力共创食品安全，互助互爱同筑和谐家园
手牵手把好食品质量关，心连心守好食品安全门
一心一意关注食品安全，十全十美创建和谐社会
构筑食品安全“防火墙”，撑起群众健康“保护伞”
尚德守法，提升食品安全治理能力
人品食品，品品相照；苍生民生，生生相连
食品安全，生命之源；严格监督，和谐之本
民以食为天，食以安为先，安以质为本，质以诚为根
食品安全，你我共同的责任；安全食品，你我共同的心愿

第九章 食品安全培训参考文本

一、食品安全培训方案参考文本

××镇食品安全协管员培训方案

为进一步加强基层食品安全协管员队伍建设，充分发挥基层协管员的作用，提升食品安全管理履职能力，保障广大农村群众饮食安全，结合实际，特制定本方案。

一、指导思想

以党的二十大精神及习近平新时代中国特色社会主义思想为指导，以《中华人民共和国食品安全法》和相关法律法规为依据，着力于提升食品安全治理能力，全面提高我镇监管效能。

二、培训目标

通过培训，使食品安全协管员进一步掌握协管员的工作职责及工作内容，熟悉食品安全相关的法律法规，提升食品安全协管工作的方式方法，全面提高我镇食品安全管理队伍的业务水平和综合能力，保障我镇食品安全。

三、培训对象

各行政村（社区）食品安全协管员。

四、培训时间

20××年××月××日上午，培训时间半天。

五、培训方式

采取集中授课方式开展培训。

六、培训内容

协管员的工作职责，食品安全风险隐患及其控制，农村集体聚餐食品安全管理等。

××镇食品安全委员会办公室

（食品安全领导小组办公室）

二、食品安全培训记录表

食品安全培训记录表

（参考样式）

培训内容		主讲人	
培训时间		培训地点	
培训对象			
培训内容记录			

附件：培训签到、培训照片、培训课件或文本材料等。

附录

常用食品安全政策文件摘录

附录一 食品安全工作人员常用政策文件和标准目录

一、通用文件

常用综合类法律、法规、规章和规范性文件如下：

中华人民共和国食品安全法（2015 年主席令第 21 号，2021 年修正本）

中华人民共和国农产品质量安全法（2022 年主席令第 120 号，2022 年修正本）

中华人民共和国标准化法（2017 年主席令第 78 号，2017 年修订本）

中华人民共和国产品质量法（1993 年主席令第 70 号，2018 年修正本）

中华人民共和国广告法（2015 年主席令第 22 号，2018 年修正本）

中华人民共和国商标法（2013 年主席令第 6 号，2019 年修正本）

中华人民共和国行政处罚法（1996 年主席令第 63 号，2021 年修订本）

中华人民共和国食品安全法实施条例（中华人民共和国国务院令第 721 号）

企业落实食品安全主体责任监督管理规定（2022 年国家市场监管总局令第 60 号）

关于发布食品生产经营企业建立食品安全追溯体系若干规定的公告（2017 年市场监管总局公告第 39 号）

食品生产经营监督检查管理办法（2021 年市场监督管理总局令第 49 号）

食品生产经营监督检查有关表格（市监食生发〔2022〕18 号）

食品生产经营风险分级管理办法（试行）（食药监食监一〔2016〕115 号）

食品召回管理办法（国家食品药品监督管理总局令第 12 号）（2020 年修正版）

关于开展食品经营风险分级管理工作的指导意见（食监食经〔2019〕64 号）

江苏省市场监管局关于督促食品生产经营者落实食品安全主体责任的指导意见（苏市监食生〔2019〕227 号）

二、通用标准

常用标准如下：

GB 2760 食品安全国家标准 食品添加剂使用标准

GB 2761 食品安全国家标准 食品中真菌毒素限量

GB 2762 食品安全国家标准 食品中污染物限量

GB 2763 食品安全国家标准 食品中农药最大残留限量

GB 7718 食品安全国家标准 预包装食品标签通则

GB 9685 食品安全国家标准 食品接触材料及制品用添加剂使用标准

GB 13432 食品安全国家标准 预包装特殊膳食用食品标签

GB 14880 食品安全国家标准 食品营养强化剂使用标准

GB 28050 食品安全国家标准 预包装食品营养标签通则

GB 29921 食品安全国家标准 预包装食品中致病菌限量

GB 29924 食品安全国家标准 食品添加剂标识通则

GB 31650 食品安全国家标准 食品中兽药最大残留限量

三、食品生产环节常用政策文件和标准

食品生产环节常用政策文件和标准如下:

食品生产许可管理办法（2020 年国家市场监督管理总局令第 24 号）

食品生产许可审查通则（2022 版）（国家市场监督管理总局〔2022〕33 号）

食品生产许可分类目录的公告（2020 年国家市场监管总局公告第 8 号）

食品生产许可文书和食品生产许可证格式标准（市监食生〔2020〕18 号）

保健食品注册与备案管理办法（国家食品药品监督管理总局令第 22 号）

特殊医学用途配方食品注册管理办法（国家食品药品监督管理总局令第 24 号）

婴幼儿配方乳粉产品配方注册管理办法（国家食品药品监督管理总局令第 26 号）

关于进一步监督大型食品生产企业落实食品安全主体责任的指导意见（食药监食监〔2016〕152 号）

江苏省食品生产企业落实食品安全主体责任规定（试行）（苏市监规〔2020〕9 号）

GB 14881 食品安全国家标准 食品生产通用卫生规范

四、食品销售环节常用政策文件和标准

食品销售环节常用政策文件和标准如下:

食品经营许可管理办法（2017 年国家食品药品监督管理总局令第 17 号）

食品经营许可审查通则（试行）（食药监食监二〔2015〕228 号）

食用农产品市场销售质量安全监督管理办法（2016 年国家食品药品监督管理总局令第 20 号）

食品销售安全监督检查指南（市监食经〔2019〕70 号）

关于开展食品经营风险分级管理工作的指导意见（食监食经〔2019〕64 号）

食品销售者食品安全主体责任指南（试行）（市监食经〔2020〕99 号）

江苏省食品销售者食品安全主体责任指南（试行）和食品销售者自查表格（苏市监食经函〔2020〕326 号）

GB 31621 食品安全国家标准 食品经营过程卫生规范

五、餐饮服务环节常用政策文件和标准

餐饮服务环节常用政策文件和标准如下：

餐饮服务食品安全监督检查操作指南（市监食经〔2019〕65 号）

餐饮服务食品安全操作规范（2018 年国家市场监督管理总局公告第 12 号）

网络餐饮服务食品安全监督管理办法（2017 年国家食品药品监督管理总局令第 36 号）

餐饮服务明厨亮灶工作指导意见（国市监食监二〔2018〕32 号）

GB 31654 食品安全国家标准 餐饮服务通用卫生规范

附录二　乡镇（街道）食品安全工作政策要求汇编

一、属地管理责任

2012 年，《国务院关于加强食品安全工作的决定》（国发〔2012〕20 号）提出：“强化基层食品安全管理工作体系。推进食品安全工作重心下移、力量配置下移，强化基层食品安全管理责任。乡（镇）政府和街道办事处要将食品安全工作列为重要职责内容，主要负责人要切实负起责任，并明确专门人员具体负责，做好食品安全隐患排查、信息报告、协助执法和宣传教育等工作。乡（镇）政府、街道办事处要与各行政管理派出机构密切协作，形成分区划片、包干负责的食品安全工作责任网。在城市社区和农村建立食品安全信息员、协管员等队伍，充分发挥群众监督作用。基层政府及有关部门要加强对社区和乡村食品安全专、兼职队伍的培训和指导。”这是我国政府首次对乡镇（街道）食品安全工作职责做出具体表述。

2013 年，《国务院关于地方改革完善食品药品监督管理体制的指导意见》（国发〔2013〕18 号）出台，把健全基层食品安全监督管理体系作为改革的一项

重点任务，明确："在农村行政村和城镇社区要设立食品药品监管协管员，承担协助执法、隐患排查、信息报告、宣传引导等职责。要进一步加强基层农产品质量安全监管机构和队伍建设。推进食品药品监管工作关口前移、重心下移，加快形成食品药品监管横向到边、纵向到底的工作体系。"这是我国政府首次对基层食品药品监管协管员工作职责做出具体表述。

2014 年，《国务院办公厅关于进一步加强食品药品监管体系建设有关事项的通知》（国发明电〔2014〕17 号）强调："要把监管触角延伸到基层和乡镇（社区），打通监管执法的'最后一公里'，消除监管死角盲区，着力防范区域性、系统性风险。"

2015 年，国务院食品安全办等五部门出台的《关于进一步加强农村食品安全治理工作的意见》（食安办〔2015〕18 号），明确提出"科学划定食用农产品、食品安全监管网格，明确监管责任人员以及相应的监管职责、目标和要求，并在监管网格内进行公示，建立并不断完善网格化监管方式。"以及"探索建立县、乡、村三级农村食品安全监督网络，大力发展农村舆论监督员、协管员、信息员等群众性队伍，充分发挥社会监督作用，推动各地建立举报奖励制度，鼓励社会力量参与食用农产品与食品质量安全监管和协同共治，处理好政府、企业、社会的关系，形成全社会共同推进农村食用农产品及食品安全的良好氛围。"

2015 年，国务院食品安全办发布了《关于进一步强化农村集体聚餐食品安全风险防控的指导意见》（食安办〔2015〕22 号），对农村食品安全治理提出了新的举措："要进一步加强基层特别是农村地区食品安全管理人员队伍建设，积极构建以乡镇食品安全协管员、村食品安全信息员等为重要补充的农村地区食品安全管理网络。"

2018 年初，中共中央、国务院发布的中央一号文件《关于实施乡村振兴战略的意见》特别强调："实施食品安全战略，完善农产品质量和食品安全标准体系，加强农业投入品和农产品质量安全追溯体系建设，健全农产品质量和食品安全监管体制，重点提高基层监管能力。"

2019 年，中共中央、国务院《关于深化改革加强食品安全工作的意见》（中发〔2019〕17 号）特别强调加强基层综合执法，并指出："深化综合执法改革，加强基层综合执法队伍和能力建设，确保有足够资源履行食品安全监管职责。县级市场监管部门及其在乡镇（街道）的派出机构，要以食品安全为首要职责，执法力量向一线岗位倾斜，完善工作流程，提高执法效率。""实施农村假冒伪劣食品治理行动。建立规范的农村食品流通供应体系，净化农村消费市场，提高农村食品安全保障水平。”同时，提出了“实施农村假冒伪劣食品治理行动”，以农村地区、城乡接合部为主战场，全面清理食品生产经营主体资格，严厉打击制售“三无”食品、假冒食品、劣质食品、过期食品等违法违规行为，坚决取缔“黑工厂”“黑窝点”和“黑作坊”，实现风险隐患排查整治常态化。用 2~3 年时间，建立规范的农村食品流通供应体系，净化农村消费市场，提高农村食品安全保障水平。

2019 年修订的《中华人民共和国食品安全法实施条例》第四条明确要求：“乡镇人民政府和街道办事处应当支持、协助县级人民政府食品安全监督管理部门及其派出机构依法开展食品安全监督管理工作。”

2022 年，国务院食品安全委员会《关于建立健全分层分级精准防控末端发力终端见效工作机制　推动食品安全属地管理责任落地落实的意见》（食安委发〔2022〕7 号）要求：乡（镇、街道）领导干部包保 C 级主体。C 级主体原则上包括：微型食品生产企业、食品加工小作坊，小型食品销售企业、餐饮企业，用餐人数 200 人以上 500 人以下的学校食堂，用餐人数 100 人以上 300 人以下的幼儿园食堂等。村（组、社区）干部包保 D 级主体。D 级主体原则上包括：微型食品销售企业、餐饮企业，用餐人数 200 人以下的学校食堂，用餐人数 100 人以下的幼儿园食堂，以及其他食品生产经营者。实行责任清单制、任务清单制、督查清单制，制建立责任与任务承诺书制度。

二、党政领导责任

中共中央、国务院《关于深化改革加强食品安全工作的意见》（中发〔2019〕17 号）虽然没有针对乡镇（街道）层面提出具体要求，但对地方各级党委和政府的共同要求是：“地方各级党委和政府要把食品安全作为一项重大政治任务来抓。落实《地方党政领导干部食品安全责任制规定》，明确党委和政府主要负责人为第一责任人，自觉履行组织领导和督促落实食品安全属地管理责任，确保不发生重大食品安全事件。”

中共中央办公厅、国务院办公厅《地方党政领导干部食品安全责任制规定》（厅字〔2019〕13 号）作为第一部关于地方党政领导干部食品安全责任的党内法规，要求“地方各级党委和政府对本地区食品安全工作负总责，主要负责人是本地区食品安全工作第一责任人，班子其他成员对分管行业或者领域内的食品安全工作负责。”并针对乡镇（街道）明确提出“乡镇（街道）党政领导干部，各类开发区管理机构党政领导干部，参照本规定执行”，明确乡镇（街道）党政班子领导对食品安全工作负有属地管理领导责任。

江苏省委省政府《关于深化改革加强食品安全工作的实施意见》（苏发〔2019〕36 号）指出："严格落实《地方党政领导干部食品安全责任制规定》，强化党委政府对农产品质量安全和食品安全工作的组织领导，定期研究解决农产品质量和食品安全重大问题，层层压实党政领导干部食品安全属地管理责任。全面加强各级食品安全委员会及其办公室建设，发挥统筹协调作用。"

江苏省委办公厅、省政府办公厅《关于落实<地方党政领导干部食品安全责任制规定>的通知》（苏办厅字〔2019〕45 号）对各级党政领导的食品安全责任制提出了具体要求：党委主要负责人通过开展食品安全工作专题调研、召开党委常委会会议或者专题会议等形式，每年至少听取 1 次食品安全工作专题汇报，及时研究解决至少 1 项食品安全工作重大问题；政府主要负责人通过开展食品安全工作专题调研，组织召开政府常务会议、办公会议或者专题会议等形式，每年至少听取 1 次本地区食品安全工作汇报，及时研究解决至少 1 项食品安全工作突出问题；政府分管负责人每年组织开展不少于 2 次食品安全工作专题调研，研究制定本地区食品安全专项规划、年度重点工作计划，统筹推进本地区食品安全工作，每年组织协调食品安全监管部门和相关部门及时分析食品安全形势不少于 2 次，研究解决至少 2 项食品安全领域相关问题，推动完善"从农田到餐桌"全链条全过程食品安全监管机制。针对乡镇（街道）层面，特别提出："乡镇、街道党政领导干部依照分工完善和落实食品安全责任和管理制度，支持、协助县级相关职能部门及其派出机构依法开展食品安全监督管理工作。"

三、食安委及食安办建设与职责

国务院《关于地方改革完善食品药品监督管理体制的指导意见》（国发〔2013〕18 号）明确提出："各级政府食品安全委员会要切实履行监督、指导、协调职能，加强监督检查和考核评价，完善政府、企业、社会齐抓共管的综合监管措施。"

国务院食品安全办《关于进一步强化农村集体聚餐食品安全风险防控的指导意见》（食安办〔2015〕22 号）："充分发挥乡镇政府食品安全办、村民委员会、食品安全协管员和信息员的能动作用，不断拓展农村地区食品安全管理视野，延伸工作触角，推动工作重心下移、关口前置、责任落地，实现对农村集体聚餐等食品安全风险防控工作的全覆盖。"

中共中央、国务院《关于深化改革加强食品安全工作的意见》（中发〔2019〕17 号）提出："强化各级食品安全委员会及其办公室统筹协调作用，及时研究部署食品安全工作，协调解决跨部门跨地区重大问题。”

江苏省委省政府《关于深化改革加强食品安全工作的实施意见》（苏发〔2019〕36 号）要求：“推动基层监管机构规范化和基层食安办标准化建设。”

江苏省委办公厅、省政府办公厅《关于落实〈地方党政领导干部食品安全责任制规定〉的通知》（苏办厅字〔2019〕45 号）要求：“乡镇、街道成立食安委，统筹协调辖区食品安全工作，将食品安全工作纳入创新网格化社会治理机制内容。乡镇、街道食安委下设办公室，在城市社区和农村建立专、兼职食品安全信息员或协管员队伍。”

《江苏省“十四五”食品安全规划》（苏食安委〔2021〕7 号）：“制定基层食安办规范化建设标准，压实乡镇（街道）食品安全隐患排查、协助执法、信息报告和宣传教育等工作责任，完善激励机制，推进全省基层食品安全水平高质量发展。”

四、协管员（信息员）队伍建设与职责

《国务院关于加强食品安全工作的决定》（国发〔2012〕20 号）：“在城市社区和农村建立食品安全信息员、协管员等队伍，充分发挥群众监督作用。基层政府及有关部门要加强对社区和乡村食品安全专、兼职队伍的培训和指导。”

《国务院关于地方改革完善食品药品监督管理体制的指导意见》（国发〔2013〕18 号）：“在农村行政村和城镇社区要设立食品药品监管协管员，承担协助执法、隐患排查、信息报告、宣传引导等职责。”

《国务院食品安全办关于进一步强化农村集体聚餐食品安全风险防控的指导意见》（食安办〔2015〕22 号）：“积极构建以乡镇食品安全协管员、村食品安全信息员等为重要补充的农村地区食品安全管理网络。”“要结合辖区实际，不断加强对乡镇食品安全协管员、村食品安全信息员等人员的培训力度，切实提高其业务素质和工作能力，切实发挥其在农村集体聚餐活动中信息收集、情况上报、现场指导等方面的作用。”“要将农村集体聚餐举办者和承办者的主动报告与协管员、信息员的主动巡视结合起来，做好对农村集体聚餐的事前指导、事中检查、事后跟踪工作。在接报、登记集体聚餐相关信息时，食品安全信息员要对集体聚餐的举办者和承办者进行食品安全风险提示。”

中共中央、国务院《关于深化改革加强食品安全工作的意见》（中发〔2019〕17 号）：“在城市社区和农村建立专兼职食品安全信息员（协管员）队伍，充分发挥群众监督作用。”

五、农村集体聚餐管理

国务院食品安全办《关于进一步强化农村集体聚餐食品安全风险防控的指导意见》（食安办〔2015〕22 号）、江苏省食安办《关于进一步加强农村集体聚餐食品安全工作的意见》（苏食安办〔2016〕5 号）明确了各方职责：

1. 属地管理责任

各级政府（管委会）对农村集体聚餐食品安全负总责。要结合属地实际，出台相应管理办法或指导意见，鼓励各地积极探索创新，强化管理。要将农村集体聚餐食品安全管理工作经费纳入预算，并在经费、装备等方面为协管员、信息员开展工作给予保障。

2. 食品安全监管部门工作职责

要明确农村集体聚餐的环境与设施设备、食品采购和贮存、加工过程控制、食品留样、加工制作人员体检和培训等基本要求，督促指导农村集体聚餐承办者加强对加工制作人员的食品安全知识培训。

3. 卫生行政部门工作职责

要督促医疗机构做好食物中毒患者的医疗救治和中毒信息的报告工作，会同食品安全监管等部门加强对农村集体聚餐食品安全风险的监测。

4. 乡镇（街道）工作职责

要进一步加强基层特别是农村地区食品安全管理人员队伍建设，积极构建以乡镇食品安全协管员、村食品安全信息员等为重要补充的农村地区食品安全管理网络。充分发挥乡镇政府食品安全办、村民委员会、食品安全协管员和信息员的能动作用，不断拓展农村地区食品安全管理视野，延伸工作触角，推动工作重心下移、关口前置、责任落地，实现对农村集体聚餐等食品安全风险防控工作的全覆盖。

乡镇政府食安办根据实际情况，安排协管员、信息员或相关部门人员对农村集体聚餐进行指导。主要督促指导农村集体聚餐举办者、承办者严把基本卫生条件关、原辅材料采购使用关、加工过程规范操作关等。指导人员要做好农村集体聚餐的事前现场评估，对现场评估中发现的食品安全隐患提出整改意见，指导整改；对整改后仍达不到要求的，劝诫其停办农村聚餐活动。

要结合辖区实际，不断加强对乡镇食品安全协管员、村食品安全信息员等人员的培训力度，切实提高其业务素质和工作能力，切实发挥其在农村集体聚餐活动中信息收集、情况上报、现场指导等方面的作用。

要将农村集体聚餐举办者和承办者的主动报告与协管员、信息员的主动巡视结合起来，做好对农村集体聚餐的事前指导、事中检查、事后跟踪工作。在接报、登记集体聚餐相关信息时，食品安全信息员要对集体聚餐的举办者和承办者进行食品安全风险提示。

5. 举办者和承办者主体责任

农村集体聚餐的举办者和承办者（包括农村流动厨师、农村流动餐车、专业服务团队等）对农村集体聚餐食品安全负责。举办者和承办者之间、承办者和加工制作人员之间可通过签订食品安全协议的方式，明确和细化各自食品安全责任。承办者应当主动向所在地镇村申报聚餐活动情况，主动接受、积极配合食品安全协管员、信息员等相关人员的指导，并按照指导落实保障食品安全的措施，认真落实食品的采购、运输和贮存要求，科学确定聚餐菜单，规范加工制作过程。

六、“三小”管理

1.《中华人民共和国食品安全法》对“三小”监管的有关规定

《中华人民共和国食品安全法》（以下简称《食品安全法》）第三十六条第一款规定：“食品生产加工小作坊和食品摊贩等从事食品生产经营活动，应当符合本法规定的与其生产经营规模、条件相适应的食品安全要求，保证所生产经营的食品卫生、无毒、无害，食品安全监督管理部门应当对其加强监督管理。”一是规定了食品生产加工小作坊和食品摊贩等从事食品生产经营活动的要求，二是规定将对食品生产加工小作坊和食品摊贩等的监管职责交由食品安全监督管理部门承担。根据《国务院关于地方改革完善食品药品监督管理体制的指导意见》（国发〔2013〕18 号），城管部门要做好食品摊贩等监管执法工作。考虑到食品安全监督管理部门更具有专业性，城市综合执法部门更侧重于市容秩序，不过，《食品安全法》第六条规定，县级以上地方人民政府依照本法和国务院的规定，确定本级食品安全监督管理、卫生行政部门和其他有关部门的职责。

《食品安全法》第三十六条第二款规定：“县级以上地方人民政府应当对食品生产加工小作坊、食品摊贩等进行综合治理，加强服务和统一规划，改善其生产经营环境，鼓励和支持其改进生产经营条件，进入集中交易市场、店铺等固定场所经营，或者在指定的临时经营区域、时段经营。”一是在“生产加工小作坊、食品摊贩”后增加一个“等”字，主要是将由于规划、面积、土地用途、临时生产经营等多种原因，无法按照《食品安全法》取得食品生产经营许可的小摊贩、小餐饮、小饭桌、小民俗旅游户、小市场、农村集市等纳入食品安全法治理，确立引导帮扶和监管并重的原则。

《食品安全法》第三十六条第三款规定："食品生产加工小作坊和食品摊贩等的具体管理办法由省、自治区、直辖市制定。"要求省、自治区、直辖市人民代表大会及其常务委员会或者人民政府制定具体管理办法。

《食品安全法》第一百二十七条规定："对食品生产加工小作坊、食品摊贩等的违法行为的处罚，依照省、自治区、直辖市制定的具体管理办法执行。"规定对其违法行为的行政罚款的处罚，依照地方性法规和规章进行处罚；但对于非法添加、生产经营病死畜禽等违法行为，需要适用拘留的处罚，依据《食品安全法》执行。

2. 江苏省对食品小作坊和食品摊贩管理的要求

《江苏省食品小作坊和食品摊贩管理条例》（2016 年江苏省人大常委会公告第 40 号）和原省食药监局《关于印发<江苏省食品小作坊和食品摊贩管理条例>贯彻实施方案的通知》（苏食药监法科〔2016〕83 号）对各方责任的要求：

（1）县级以上地方人民政府的职责　统一领导、组织、协调本行政区域的食品小作坊和食品摊贩的监督管理工作，加强监督管理能力建设，提供与食品小作坊和食品摊贩的监督管理工作相适应的经费、人员等保障。

（2）食品安全监督管理部门（即市场监督管理部门）工作职责　对本行政区域的食品小作坊和食品摊贩实施监督管理。应当依法对小作坊申请人提交的材料进行审核，征询食品小作坊所在地乡镇人民政府或者街道办事处的意见，对其生产加工场所进行现场核查。对符合规定条件的，决定准予登记，颁发食品小作坊登记证，并通报相关乡镇人民政府或者街道办事处；对不符合规定条件的，决定不予登记并书面说明理由。

（3）乡镇（街道）工作职责　乡镇人民政府、街道办事处应当依照本条例和上级人民政府的规定，做好本辖区内食品小作坊和食品摊贩的监督管理工作。负责食品小作坊登记中的征询与回复。负责食品摊贩备案管理和信息公示卡发放工作，负责划定食品摊贩经营区域，并确定食品摊贩经营时段。应当组织食品安全协管员、信息员队伍，协助食品安全监督管理等部门开展食品小作坊和食品摊贩的日常管理，根据本地实际情况开展食品小作坊和食品摊贩的安全隐患排查。发现食品小作坊和食品摊贩存在食品安全隐患或者违法生产经营行为的，乡镇人民政府、街道办事处、村民委员会、居民委员会应当及时制止，告知所在地县级市场监督管理、城市管理行政执法等部门并协助处理。

（4）村（居民委员）工作职责　应当协助有关部门和乡镇人民政府、街道办事处做好食品小作坊和食品摊贩的监督管理工作。

3. 江苏省对小餐饮管理的要求

《江苏省人大常委会关于加强小餐饮管理的决定》（2020 年江苏省人大常委会公告第 38 号）对各方责任的要求：

（1）县级以上地方人民政府的职责　县级以上地方人民政府统一领导、组织、协调本行政区域小餐饮监督管理与服务工作，加强监督管理能力建设，保障与小餐饮监督管理工作相适应的经费和人员。

（2）市场监督管理部门工作职责　对小餐饮实行备案管理。小餐饮应当向所在地县级市场监督管理部门备案，取得小餐饮信息公示卡；负责对本行政区域内的小餐饮食品经营活动实施监督管理。

（3）乡镇（街道）工作职责　应当根据本地实际情况健全安全协管员、信息员队伍，将小餐饮纳入网格化社会治理机制，协助有关部门开展小餐饮日常安全管理和联合执法。

（4）村（居民委员）工作职责　应当协助做好小餐饮管理有关工作。

七、食品安全宣传

《食品安全法》第十条："各级人民政府应当加强食品安全的宣传教育，普及食品安全知识，鼓励社会组织、基层群众性自治组织、食品生产经营者开展食品安全法律、法规以及食品安全标准和知识的普及工作，倡导健康的饮食方式，增强消费者食品安全意识和自我保护能力。"

《食品安全法实施条例》第五条："国家将食品安全知识纳入国民素质教育内容，普及食品安全科学常识和法律知识，提高全社会的食品安全意识。"

中共中央、国务院《关于深化改革加强食品安全工作的意见》（中发〔2019〕17 号）提出："强化普法和科普宣传。落实'谁执法谁普法'普法责任制，对各类从事食品生产经营活动的单位和个人，持续加强食品安全法律法规、国家标准、科学知识的宣传教育。在中小学开展食品安全与营养教育，有条件的主流媒体可开办食品安全栏目，持续开展'食品安全宣传周'和食品安全进农村、进校园、进企业、进社区等宣传活动，提升公众食品安全素养，改变不洁饮食习俗，避免误采误食，防止发生食源性疾病。"

八、食品安全培训

《食品安全法》第四十四条："食品生产经营企业应当对职工进行食品安全知识培训。""食品生产经营企业应当配备食品安全管理人员，加强对其培训和考核。经考核不具备食品安全管理能力的，不得上岗。食品安全监督管理部门应当对企业食品安全管理人员随机进行监督抽查考核并公布考核情况。”如果违反，按照第一百二十六条处置。

《食品安全法实施条例》第二十条：“食品生产经营企业应当加强对食品安全管理人员的培训和考核。食品安全管理人员应当掌握与其岗位相适应的食品安全法律、法规、标准和专业知识，具备食品安全管理能力。食品安全监督管理部门应当对企业食品安全管理人员进行随机监督抽查考核。考核指南由国务院食品安全监督管理部门制定、公布。”

《食品安全法》第一百一十六条：“县级以上人民政府食品安全监督管理部门应当加强对执法人员食品安全法律、法规、标准和专业知识与执法能力等的培训，并组织考核。不具备相应知识和能力的，不得从事食品安全执法工作。”

《江苏省“十四五”食品安全规划》：“强化对农产品质量和食品安全监管人员的继续教育和培训考核，建设高素质的监管执法队伍和职业化检查员队伍。”

附录三　食品生产经营者食品安全主体责任汇编

一、总体要求

食品生产企业对其生产经营食品的安全负责

食品生产企业应当依照法律、法规和食品安全标准从事生产经营活动，保证食品安全，诚信自律，对社会和公众负责，接受社会监督，承担社会责任。

（1）**责任依据**　《中华人民共和国食品安全法》第四条。

（2）**处罚依据**　详见《中华人民共和国食品安全法》及实施条例、《食品生产许可管理办法》《食品安全抽样检验管理办法》《食品召回管理办法》《网络食品安全违法行为查处办法》《食品生产经营监督检查管理办法》等法律、法规和规章相关条款。

（3）**法律责任**　详见《中华人民共和国食品安全法》及实施条例、《食品生产许可管理办法》《食品安全抽样检验管理办法》《食品召回管理办法》《网络食品安全违法行为查处办法》《食品生产经营监督检查管理办法》等法律、法规和规章相关条款。

二、许可资质管理的责任

1. 从事食品生产活动，应当依法取得食品生产许可。

（1）**责任依据**　《中华人民共和国食品安全法》第三十五条第一款；《食品生产许可管理办法》第二条。

（2）**处罚依据**　《中华人民共和国食品安全法》第一百二十二条第一款。

（3）**法律责任**　未取得食品生产许可从事食品生产活动的，没收违法所得和违法生产经营的食品、食品添加剂以及用于违法生产经营的工具、设备、原料等物品；违法生产经营的食品、食品添加剂货值金额不足一万元的，并处五万元以上十万元以下罚款；货值金额一万元以上的，并处货值金额十倍以上二十倍以下罚款。

2. 从事食品添加剂生产，应当依法取得食品添加剂生产许可。

（1）**责任依据**　《中华人民共和国食品安全法》第三十九条第一款；《食品生产许可管理办法》第十五条第一款。

（2）**处罚依据**　《中华人民共和国食品安全法》第一百二十二条第一款。

（3）**法律责任**　未取得食品添加剂生产许可从事食品添加剂生产活动的，没收违法所得和违法生产经营的食品、食品添加剂以及用于违法生产经营的工具、设备、原料等物品；违法生产经营的食品、食品添加剂货值金额不足一万元的，并处五万元以上十万元以下罚款；货值金额一万元以上的，并处货值金额十倍以上二十倍以下罚款。

3. 利用新的食品原料生产食品，或者生产食品添加剂新品种，应当取得国务院卫生行政部门安全性评估许可。

（1）**责任依据**　《中华人民共和国食品安全法》第三十七条。

（2）**处罚依据**　《中华人民共和国食品安全法》第一百二十四条第一款第八项。

（3）**法律责任**　尚不构成犯罪的，没收违法所得和违法生产经营的食品、食品添加剂，并可以没收用于违法生产经营的工具、设备、原料等物品；违法生产经营的食品、食品添加剂货值金额不足一万元的，并处五万元以上十万元以下罚款；货值金额一万元以上的，并处货值金额十倍以上二十倍以下罚款；情节严重的，吊销许可证。

4. 生产的食品应属于食品生产许可证上载明的食品类别。

（1）**责任依据**　《食品生产许可管理办法》第十一条第一款、第四十九条第二款。

（2）**处罚依据** 《食品生产许可管理办法》第四十九条第二款；《中华人民共和国食品安全法》第一百二十二条第一款。

（3）**法律责任** 食品生产企业生产的食品不属于食品生产许可证上载明的食品类别的，视为未取得食品生产许可从事食品生产活动。

未取得食品生产许可从事食品生产活动的，没收违法所得和违法生产经营的食品、食品添加剂以及用于违法生产经营的工具、设备、原料等物品；违法生产经营的食品、食品添加剂货值金额不足一万元的，并处五万元以上十万元以下罚款；货值金额一万元以上的，并处货值金额十倍以上二十倍以下罚款。

5. 应当在生产场所的显著位置悬挂或者摆放食品生产许可证正本。

（1）**责任依据** 《食品生产许可管理办法》第三十一条第二款。

（2）**处罚依据** 《食品生产许可管理办法》第五十二条第二款。

（3）**法律责任** 未按规定在生产场所的显著位置悬挂或者摆放食品生产许可证的，责令改正；拒不改正的，给予警告。

6. 应当妥善保管食品生产许可证，不得伪造、涂改、倒卖、出租、出借、转让。

（1）**责任依据** 《食品生产许可管理办法》第三十一条第一款。

（2）**处罚依据** 《食品生产许可管理办法》第五十二条第一款。

（3）**法律责任** 伪造、涂改、倒卖、出租、出借、转让食品生产许可证的，责令改正，给予警告，并处一万元以下罚款；情节严重的，处一万元以上三万元以下罚款。

7. 食品生产企业的生产条件发生变化，不再符合食品生产要求，需要重新办理许可手续的，应当依法办理。

（1）**责任依据** 《食品生产许可管理办法》第十二条、第三十二条第四款。

（2）**处罚依据** 《中华人民共和国食品安全法》第一百二十六条第一款第十一项。

（3）**法律责任** 生产经营条件发生变化，未按规定处理的，责令改正，给予警告；拒不改正的，处五千元以上五万元以下罚款；情节严重的，责令停产停业，直至吊销许可证。

8. 食品生产许可证有效期内，名称、现有设备布局和工艺流程、主要生产设备设施、食品类别等事项发生变化，需要变更食品生产许可证载明的许可事项的，应当在变化后 10 个工作日内向原发证部门提出变更申请。

（1）**责任依据**　《食品生产许可管理办法》第三十二条第一款。

（2）**处罚依据**　《食品生产许可管理办法》第五十三条第一款。

（3）**法律责任**　需要变更食品生产许可证载明的许可事项，未按规定申请变更的，责令改正，给予警告；拒不改正的，处一万元以上三万元以下罚款。

9. 生产场所迁址的，应当重新申请食品生产许可。

（1）**责任依据**　《食品生产许可管理办法》第三十二条第二款。

（2）**处罚依据**　《食品生产许可管理办法》第五十三条第二款；《中华人民共和国食品安全法》第一百二十二条第一款。

（3）**法律责任**　生产场所迁址后未重新申请取得食品生产许可从事食品生产活动的，没收违法所得和违法生产经营的食品、食品添加剂以及用于违法生产经营的工具、设备、原料等物品；违法生产经营的食品、食品添加剂货值金额不足一万元的，并处五万元以上十万元以下罚款；货值金额一万元以上的，并处货值金额十倍以上二十倍以下罚款。

10. 食品生产许可证副本载明的同一食品类别内的事项发生变化的，应当在变化后 10 个工作日内向原发证的市场监督管理部门报告。

（1）**责任依据**　《食品生产许可管理办法》第三十二条第三款。

（2）**处罚依据**　《食品生产许可管理办法》第五十三条第三款。

（3）**法律责任**　食品生产许可证副本载明的同一食品类别内的事项发生变化，食品生产企业未按规定报告的，食品生产企业终止食品生产，食品生产许可被撤回、撤销或者食品生产许可证被吊销，未按规定申请办理注销手续的，责令改正；拒不改正的，给予警告，并处五千元以下罚款。

11. 终止食品生产，食品生产许可被撤回、撤销，应当在 20 个工作日内向原发证的市场监督管理部门申请办理注销手续。

（1）**责任依据**　《食品生产许可管理办法》第四十条第一款。

（2）**处罚依据**　《食品生产许可管理办法》第五十三条第三款。

（3）**法律责任**　食品生产许可证副本载明的同一食品类别内的事项发生变化，食品生产企业未按规定报告的，食品生产企业终止食品生产，食品生产许可被撤回、撤销或者食品生产许可证被吊销，未按规定申请办理注销手续的，责令改正；拒不改正的，给予警告，并处五千元以下罚款。

12. 办理食品生产许可申请时，应当如实向市场监督管理部门提交有关材料和反映真实情况，对申请材料的真实性负责，并在申请书等材料上签名或者盖章。

（1）**责任依据**　《食品生产许可管理办法》第十七条。

（2）**处罚依据**　《食品生产许可管理办法》第五十条。

（3）**法律责任**　许可申请人隐瞒真实情况或者提供虚假材料申请食品生产许可的，由县级以上地方市场监督管理部门给予警告。申请人在一年内不得再次申请食品生产许可。

13. 不得以欺骗、贿赂等不正当手段取得食品生产许可。

（1）**责任依据**　《食品生产许可管理办法》第五十一条。

（2）**处罚依据**　《食品生产许可管理办法》第五十一条。

（3）**法律责任**　被许可人以欺骗、贿赂等不正当手段取得食品生产许可的，由原发证的市场监督管理部门撤销许可，并处一万元以上三万元以下罚款。被许可人在三年内不得再次申请食品生产许可。

三、禁止生产的食品、食品添加剂的责任

1. 禁止用非食品原料生产食品、在食品中添加食品添加剂以外的化学物质和其他可能危害人体健康的物质，或者用回收食品作为原料生产食品。

（1）**责任依据**　《中华人民共和国食品安全法》第三十四条第一项。

（2）**处罚依据**　《中华人民共和国食品安全法》第一百二十三条第一款第一项。

（3）**法律责任**　尚不构成犯罪的，没收违法所得和违法生产经营的食品，并可以没收用于违法生产经营的工具、设备、原料等物品；违法生产经营的食品货值金额不足一万元的，并处十万元以上十五万元以下罚款；货值金额一万元以上的，并处货值金额十五倍以上三十倍以下罚款；情节严重的，吊销许可证，并可以由公安机关对其直接负责的主管人员和其他直接责任人员处五日以上十五日以下拘留。

2. 禁止生产营养成分不符合食品安全标准的专供婴幼儿和其他特定人群的主辅食品。

（1）**责任依据**　《中华人民共和国食品安全法》第三十四条第五项。

（2）**处罚依据**　《中华人民共和国食品安全法》第一百二十三条第一款第二项。

（3）**法律责任**　尚不构成犯罪的，没收违法所得和违法生产经营的食品，并可以没收用于违法生产经营的工具、设备、原料等物品；违法生产经营的食品货值金额不足一万元的，并处十万元以上十五万元以下罚款；货值金额一万元以

上的，并处货值金额十五倍以上三十倍以下罚款；情节严重的，吊销许可证，并可以由公安机关对其直接负责的主管人员和其他直接责任人员处五日以上十五日以下拘留。

3. 禁止生产病死、毒死或者死因不明的禽、畜、兽、水产动物肉类及其制品。

（1）**责任依据** 《中华人民共和国食品安全法》第三十四条第七项。

（2）**处罚依据** 《中华人民共和国食品安全法》第一百二十三条第一款第三项。

（3）**法律责任** 尚不构成犯罪的，没收违法所得和违法生产经营的食品，并可以没收用于违法生产经营的工具、设备、原料等物品；违法生产经营的食品货值金额不足一万元的，并处十万元以上十五万元以下罚款；货值金额一万元以上的，并处货值金额十五倍以上三十倍以下罚款；情节严重的，吊销许可证，并可以由公安机关对其直接负责的主管人员和其他直接责任人员处五日以上十五日以下拘留。

4. 禁止生产未按规定进行检疫或者检疫不合格的肉类，或者未经检验或者检验不合格的肉类制品。

（1）**责任依据** 《中华人民共和国食品安全法》第三十四条第八项。

（2）**处罚依据** 《中华人民共和国食品安全法》第一百二十三条第一款第四项。

（3）**法律责任** 尚不构成犯罪的，没收违法所得和违法生产经营的食品，并可以没收用于违法生产经营的工具、设备、原料等物品；违法生产经营的食品货值金额不足一万元的，并处十万元以上十五万元以下罚款；货值金额一万元以上的，并处货值金额十五倍以上三十倍以下罚款；情节严重的，吊销许可证，并可以由公安机关对其直接负责的主管人员和其他直接责任人员处五日以上十五日以下拘留。

5. 禁止生产国家为防病等特殊需要明令禁止生产经营的食品。

（1）**责任依据** 《中华人民共和国食品安全法》第三十四条第十二项。

（2）**处罚依据** 《中华人民共和国食品安全法》第一百二十三条第一款第五项。

（3）**法律责任** 尚不构成犯罪的，没收违法所得和违法生产经营的食品，并可以没收用于违法生产经营的工具、设备、原料等物品；违法生产经营的食品货值金额不足一万元的，并处十万元以上十五万元以下罚款；货值金额一万元以上的，并处货值金额十五倍以上三十倍以下罚款；情节严重的，吊销许可证，并可以由公安机关对其直接负责的主管人员和其他直接责任人员处五日以上十五日以下拘留。

6. 禁止生产添加药品的食品。

（1）**责任依据**　《中华人民共和国食品安全法》第三十八条。

（2）**处罚依据**　《中华人民共和国食品安全法》第一百二十三条第一款第六项。

（3）**法律责任**　尚不构成犯罪的，没收违法所得和违法生产经营的食品，并可以没收用于违法生产经营的工具、设备、原料等物品；违法生产经营的食品货值金额不足一万元的，并处十万元以上十五万元以下罚款；货值金额一万元以上的，并处货值金额十五倍以上三十倍以下罚款；情节严重的，吊销许可证，并可以由公安机关对其直接负责的主管人员和其他直接责任人员处五日以上十五日以下拘留。

7. 禁止生产致病性微生物，农药残留、兽药残留、生物毒素、重金属等污染物质以及其他危害人体健康的物质含量超过食品安全标准限量的食品、食品添加剂。

（1）**责任依据**　《中华人民共和国食品安全法》第三十四条第二项。

（2）**处罚依据**　《中华人民共和国食品安全法》第一百二十四条第一款第一项。

（3）**法律责任**　尚不构成犯罪的，由县级以上人民政府食品安全监督管理部门没收违法所得和违法生产经营的食品、食品添加剂，并可以没收用于违法生产经营的工具、设备、原料等物品；违法生产经营的食品、食品添加剂货值金额不足一万元的，并处五万元以上十万元以下罚款；货值金额一万元以上的，并处货值金额十倍以上二十倍以下罚款；情节严重的，吊销许可证。

8. 禁止用超过保质期的食品原料、食品添加剂生产食品、食品添加剂。

（1）**责任依据**　《中华人民共和国食品安全法》第三十四条第三项。

（2）**处罚依据**　《中华人民共和国食品安全法》第一百二十四条第一款第二项。

（3）**法律责任**　尚不构成犯罪的，由县级以上人民政府食品安全监督管理部门没收违法所得和违法生产经营的食品、食品添加剂，并可以没收用于违法生产经营的工具、设备、原料等物品；违法生产经营的食品、食品添加剂货值金额不足一万元的，并处五万元以上十万元以下罚款；货值金额一万元以上的，并处货值金额十倍以上二十倍以下罚款；情节严重的，吊销许可证。

9. 禁止生产超范围、超限量使用食品添加剂的食品。

（1）**责任依据**　《中华人民共和国食品安全法》第三十四条第四项。

（2）**处罚依据**　《中华人民共和国食品安全法》第一百二十四条第一款第三项。

（3）**法律责任**　尚不构成犯罪的，由县级以上人民政府食品安全监督管理部门没收违法所得和违法生产经营的食品、食品添加剂，并可以没收用于违法生产经营的工具、设备、原料等物品；违法生产经营的食品、食品添加剂货值金额不足一万元的，并处五万元以上十万元以下罚款；货值金额一万元以上的，并处货值金额十倍以上二十倍以下罚款；情节严重的，吊销许可证。

10. 禁止生产腐败变质、油脂酸败、霉变生虫、污秽不洁、混有异物、掺假掺杂或者感官性状异常的食品、食品添加剂。

（1）**责任依据**　《中华人民共和国食品安全法》第三十四条第六项。

（2）**处罚依据**　《中华人民共和国食品安全法》第一百二十四条第一款第四项。

（3）**法律责任**　尚不构成犯罪的，由县级以上人民政府食品安全监督管理部门没收违法所得和违法生产经营的食品、食品添加剂，并可以没收用于违法生产经营的工具、设备、原料等物品；违法生产经营的食品、食品添加剂货值金额不足一万元的，并处五万元以上十万元以下罚款；货值金额一万元以上的，并处货值金额十倍以上二十倍以下罚款；情节严重的，吊销许可证。

11. 禁止生产标注虚假生产日期、保质期或者超过保质期的食品、食品添加剂。

（1）**责任依据**　《中华人民共和国食品安全法》第三十四条第十项。

（2）**处罚依据**　《中华人民共和国食品安全法》第一百二十四条第一款第五项。

（3）**法律责任**　尚不构成犯罪的，由县级以上人民政府食品安全监督管理部门没收违法所得和违法生产经营的食品、食品添加剂，并可以没收用于违法生产经营的工具、设备、原料等物品；违法生产经营的食品、食品添加剂货值金额不足一万元的，并处五万元以上十万元以下罚款；货值金额一万元以上的，并处货值金额十倍以上二十倍以下罚款；情节严重的，吊销许可证。

12. 禁止生产利用未通过国务院卫生行政部门安全性评估的新食品原料生产食品，或者生产食品添加剂新品种，未通过国务院卫生行政部门安全性评估。

（1）**责任依据**　《中华人民共和国食品安全法》第三十七条。

（2）**处罚依据**　《中华人民共和国食品安全法》第一百二十四条第一款第八项、第三款。

（3）**法律责任**　尚不构成犯罪的，由县级以上人民政府食品安全监督管理部门没收违法所得和违法生产经营的食品、食品添加剂，并可以没收用于违法生产经营的工具、设备、原料等物品；违法生产经营的食品、食品添加剂货值金额不足一万元的，并处五万元以上十万元以下罚款；货值金额一万元以上的，并处货值金额十倍以上二十倍以下罚款；情节严重的，吊销许可证。

13. 禁止生产不符合法律、法规或者食品安全标准的食品、食品添加剂。

（1）**责任依据**　《中华人民共和国食品安全法》第三十四条第十三项。

（2）**处罚依据**　《中华人民共和国食品安全法》第一百二十四条第二款、第三款。

（3）**法律责任**　尚不构成犯罪的，由县级以上人民政府食品安全监督管理部门没收违法所得和违法生产经营的食品、食品添加剂，并可以没收用于违法生产经营的工具、设备、原料等物品；违法生产经营的食品、食品添加剂货值金额不足一万元的，并处五万元以上十万元以下罚款；货值金额一万元以上的，并处货值金额十倍以上二十倍以下罚款；情节严重的，吊销许可证。

14. 禁止生产被包装材料、容器、运输工具等污染的食品、食品添加剂。

（1）**责任依据**　《中华人民共和国食品安全法》第三十四条第九项。

（2）**处罚依据**　《中华人民共和国食品安全法》第一百二十五条第一款第一项。

（3）**法律责任**　没收违法所得和违法生产经营的食品、食品添加剂，并可以没收用于违法生产经营的工具、设备、原料等物品；违法生产经营的食品、食品添加剂货值金额不足一万元的，并处五千元以上五万元以下罚款；货值金额一万元以上的，并处货值金额五倍以上十倍以下罚款；情节严重的，责令停产停业，直至吊销许可证。

15. 禁止生产无标签的预包装食品、食品添加剂。

（1）**责任依据**　《中华人民共和国食品安全法》第三十四条第十一项。

（2）**处罚依据**　《中华人民共和国食品安全法》第一百二十五条第一款第二项。

（3）**法律责任**　没收违法所得和违法生产经营的食品、食品添加剂，并可以没收用于违法生产经营的工具、设备、原料等物品；违法生产经营的食品、食品添加剂货值金额不足一万元的，并处五千元以上五万元以下罚款；货值金额一万元以上的，并处货值金额五倍以上十倍以下罚款；情节严重的，责令停产停业，直至吊销许可证。

四、生产过程控制的责任

1. 应当就原料采购、原料验收、投料等原料控制；生产工序、设备、贮存、包装等生产关键环节控制；原料检验、半成品检验、成品出厂检验等检验控制；运输和交付控制制定并实施控制要求，保证所生产的食品符合食品安全标准。

（1）**责任依据**　《中华人民共和国食品安全法》第四十六条。

（2）**处罚依据**　《中华人民共和国食品安全法》第一百二十六条第一款第十三项。

（3）**法律责任**　未按规定建立食品安全管理制度，或未按规定制定、实施生产经营过程控制要求的，责令改正，给予警告；拒不改正的，处五千元以上五万元以下罚款；情节严重的，责令停产停业，直至吊销许可证。

2. 采购食品原料、食品添加剂、食品相关产品，应当查验供货者的许可证和合格证明；对无法提供合格证明的食品原料，应当按照食品安全标准进行检验；不得采购或者使用不符合食品安全标准的食品原料、食品添加剂、食品相关产品。

（1）**责任依据**　《中华人民共和国食品安全法》第五十条第一款。

（2）**处罚依据**　《中华人民共和国食品安全法》第一百二十五条第一款第四项、第一百二十六条第一款第一项、第三项。

（3）**法律责任**　采购或者使用不符合食品安全标准的食品原料、食品添加剂、食品相关产品的，没收违法所得和违法生产经营的食品、食品添加剂，并可以没收用于违法生产经营的工具、设备、原料等物品；违法生产经营的食品、食品添加剂货值金额不足一万元的，并处五千元以上五万元以下罚款；货值金额一万元以上的，并处货值金额五倍以上十倍以下罚款；情节严重的，责令停产停业，直至吊销许可证。

未按规定对采购的食品原料进行检验，进货时未查验许可证和相关证明文件的，责令改正，给予警告；拒不改正的，处五千元以上五万元以下罚款；情节严重的，责令停产停业，直至吊销许可证。

3. 应当建立食品原料、食品添加剂、食品相关产品进货查验记录制度，如实记录食品原料、食品添加剂、食品相关产品的名称、规格、数量、生产日期或者

生产批号、保质期、进货日期以及供货者名称、地址、联系方式等内容，并保存相关凭证。记录和凭证保存期限不得少于产品保质期满后六个月；没有明确保质期的，保存期限不得少于二年。

（1）**责任依据** 《中华人民共和国食品安全法》第五十条第二款。

（2）**处罚依据** 《中华人民共和国食品安全法》第一百二十六条第一款第三项。

（3）**法律责任** 未按规定建立并遵守进货查验记录的，责令改正，给予警告；拒不改正的，处五千元以上五万元以下罚款；情节严重的，责令停产停业，直至吊销许可证。

4. 应当建立食品出厂检验记录制度，查验出厂食品的检验合格证和安全状况，如实记录食品的名称、规格、数量、生产日期或者生产批号、保质期、检验合格证号、销售日期以及购货者名称、地址、联系方式等内容，并保存相关凭证。记录和凭证保存期限应当符合《中华人民共和国食品安全法》第五十条第二款的规定。

（1）**责任依据** 《中华人民共和国食品安全法》第五十一条。

（2）**处罚依据** 《中华人民共和国食品安全法》第一百二十六条第一款第三项。

（3）**法律责任** 未按规定建立并遵守出厂检验记录和销售记录制度的，责令改正，给予警告；拒不改正的，处五千元以上五万元以下罚款；情节严重的，责令停产停业，直至吊销许可证。

5. 应当按照食品安全标准对所生产的食品、食品添加剂进行检验，检验合格后方可出厂或者销售。

（1）**责任依据** 《中华人民共和国食品安全法》第五十二条。

（2）**处罚依据** 《中华人民共和国食品安全法》第一百二十六条第一款第一项。

（3）**法律责任** 未按规定对生产的食品、食品添加剂进行检验的，责令改正，给予警告；拒不改正的，处五千元以上五万元以下罚款；情节严重的，责令停产停业，直至吊销许可证。

6. 食品添加剂生产者应当建立食品添加剂出厂检验记录制度，查验出厂产品的检验合格证和安全状况，如实记录食品添加剂的名称、规格、数量、生产日期或者生产批号、保质期、检验合格证号、销售日期以及购货者名称、地址、联系方式等相关内容，并保存相关凭证。记录和凭证保存期限应当符合本法第五十条

第二款的规定。

（1）**责任依据**　《中华人民共和国食品安全法》第五十九条。

（2）**处罚依据**　《中华人民共和国食品安全法》第一百二十六条第一款第三项。

（3）**法律责任**　未按规定建立并遵守出厂检验记录和销售记录制度的，责令改正，给予警告；拒不改正的，处五千元以上五万元以下罚款；情节严重的，责令停产停业，直至吊销许可证。

7. 不得在食品生产、加工场所贮存依照《中华人民共和国食品安全实施条例》第六十三条规定制定的名录中的物质。

（1）**责任依据**　《中华人民共和国食品安全法实施条例》第二十二条。

（2）**处罚依据**　《中华人民共和国食品安全法实施条例》第六十八条第一项；《中华人民共和国食品安全法》第一百二十五条第一款。

（3）**法律责任**　在食品生产、加工场所贮存依照《食品安全法实施条例》第六十三条规定制定的名录中的物质的，没收违法所得和违法生产经营的食品、食品添加剂，并可以没收用于违法生产经营的工具、设备、原料等物品；违法生产经营的食品、食品添加剂货值金额不足一万元的，并处五千元以上五万元以下罚款；货值金额一万元以上的，并处货值金额五倍以上十倍以下罚款；情节严重的，责令停产停业，直至吊销许可证。

8. 对食品进行辐照加工，应当遵守食品安全国家标准，并按照食品安全国家标准的要求对辐照加工食品进行检验和标注。

（1）**责任依据**　《中华人民共和国食品安全法实施条例》第二十三条。

（2）**处罚依据**　《中华人民共和国食品安全法》第一百二十四条第一款、第二款。

（3）**法律责任**　尚不构成犯罪的，由县级以上人民政府食品安全监督管理部门没收违法所得和违法生产经营的食品、食品添加剂，并可以没收用于违法生产经营的工具、设备、原料等物品；违法生产经营的食品、食品添加剂货值金额不足一万元的，并处五万元以上十万元以下罚款；货值金额一万元以上的，并处货值金额十倍以上二十倍以下罚款；情节严重的，吊销许可证。

9. 应当对变质、超过保质期或者回收的食品进行显著标示或者单独存放在有明确标志的场所，及时采取无害化处理、销毁等措施并如实记录。

（1）**责任依据**　《中华人民共和国食品安全法实施条例》第二十九条第一款。

（2）**处罚依据**　《中华人民共和国食品安全法实施条例》第六十九条第三项；《中华人民共和国食品安全法》第一百二十六条第一款。

（3）**法律责任**　未按照规定对变质、超过保质期或者回收的食品进行标示或者存放，或者未及时对上述食品采取无害化处理、销毁等措施并如实记录的，责令改正，给予警告；拒不改正的，处五千元以上五万元以下罚款；情节严重的，责令停产停业，直至吊销许可证。

10. 盛放直接入口食品的容器，使用前应当洗净、消毒，用具用后应当洗净，保持清洁。

（1）**责任依据**　《中华人民共和国食品安全法》第三十三条第一款第五项。

（2）**处罚依据**　《中华人民共和国食品安全法实施条例》第七十条；《中华人民共和国食品安全法》第一百二十六条第一款。

（3）**法律责任**　责令改正，给予警告；拒不改正的，处五千元以上五万元以下罚款；情节严重的，责令停产停业，直至吊销许可证。

11. 直接入口的食品应当使用无毒、清洁的包装材料、餐具、饮具和容器。

（1）**责任依据**　《中华人民共和国食品安全法》第三十三条第一款第七项。

（2）**处罚依据**　《中华人民共和国食品安全法实施条例》第七十条；《中华人民共和国食品安全法》第一百二十六条第一款。

（3）**法律责任**　责令改正，给予警告；拒不改正的，处五千元以上五万元以下罚款；情节严重的，责令停产停业，直至吊销许可证。

12. 用水应当符合国家规定的生活饮用水卫生标准。

（1）**责任依据**　《中华人民共和国食品安全法》第三十三条第一款第九项。

（2）**处罚依据**　《中华人民共和国食品安全法实施条例》第七十条；《中华人民共和国食品安全法》第一百二十六条第一款。

（3）**法律责任**　责令改正，给予警告；拒不改正的，处五千元以上五万元以下罚款；情节严重的，责令停产停业，直至吊销许可证。

13. 使用的洗涤剂、消毒剂应当对人体安全、无害。

（1）**责任依据**　《中华人民共和国食品安全法》第三十三条第一款第十项。

（2）**处罚依据**　《中华人民共和国食品安全法实施条例》第七十条；《中

华人民共和国食品安全法》第一百二十六条第一款。

（3）**法律责任**　责令改正，给予警告；拒不改正的，处五千元以上五万元以下罚款；情节严重的，责令停产停业，直至吊销许可证。

14. 生产活动应当符合有关食品生产过程要求的食品安全国家标准。

（1）**责任依据**　《中华人民共和国食品安全法实施条例》第七十条。

（2）**处罚依据**　《中华人民共和国食品安全法实施条例》第七十条；《中华人民共和国食品安全法》第一百二十六条第一款。

（3）**法律责任**　责令改正，给予警告；拒不改正的，处五千元以上五万元以下罚款；情节严重的，责令停产停业，直至吊销许可证。

15. 生产经营的食品应当符合食品安全国家标准和所标注的企业标准规定的食品安全指标。

（1）**责任依据**　《中华人民共和国食品安全法实施条例》第七十四条。

（2）**处罚依据**　《中华人民共和国食品安全法实施条例》第七十四条。

（3）**法律责任**　食品生产企业生产经营的食品符合食品安全标准但不符合食品所标注的企业标准规定的食品安全指标的，由县级以上人民政府食品安全监督管理部门给予警告，并责令食品经营者停止经营该食品，责令食品生产企业改正；拒不停止经营或者改正的，没收不符合企业标准规定的食品安全指标的食品，货值金额不足一万元的，并处一万元以上五万元以下罚款，货值金额一万元以上的，并处货值金额五倍以上十倍以下罚款。

五、标签、说明书和广告宣传的责任

1. 预包装食品的包装上应当有标签。

标签应当标明下列事项：①名称、规格、净含量、生产日期；②成分或者配料表；③生产者的名称、地址、联系方式；④保质期；⑤产品标准代号；⑥贮存条件；⑦所使用的食品添加剂在国家标准中的通用名称；⑧生产许可证编号；⑨法律、法规或者食品安全标准规定应当标明的其他事项。

（1）**责任依据**　《中华人民共和国食品安全法》第六十七条第一款。

（2）**处罚依据**　《中华人民共和国食品安全法》第六十七条第一款。

（3）**法律责任**　生产无标签的预包装食品、食品添加剂或者标签、说明书不符合食品安全法规定的食品、食品添加剂的，没收违法所得和违法生产经营的食品、食品添加剂，并可以没收用于违法生产经营的工具、设备、原料等物品；违法生产经营的食品、食品添加剂货值金额不足一万元的，并处五千元以上五万元以下罚款；货值金额一万元以上的，并处货值金额五倍以上十倍以下罚款；情节严重的，责令停产停业，直至吊销许可证。

生产经营的食品、食品添加剂的标签、说明书存在瑕疵但不影响食品安全且不会对消费者造成误导的，由县级以上人民政府食品安全监督管理部门责令改正；拒不改正的，处二千元以下罚款。

2. 专供婴幼儿和其他特定人群的主辅食品，其标签应当标明主要营养成分及其含量。

食品安全国家标准对标签标注事项另有规定的，从其规定。

（1）**责任依据**　《中华人民共和国食品安全法》第六十七条第二款、第三款。

（2）**处罚依据**　《中华人民共和国食品安全法》第一百二十五条第一款第二项、第二款。

（3）**法律责任**　生产无标签的预包装食品、食品添加剂或者标签、说明书不符合食品安全法规定的食品、食品添加剂的，没收违法所得和违法生产经营的食品、食品添加剂，并可以没收用于违法生产经营的工具、设备、原料等物品；违法生产经营的食品、食品添加剂货值金额不足一万元的，并处五千元以上五万元以下罚款；货值金额一万元以上的，并处货值金额五倍以上十倍以下罚款；情节严重的，责令停产停业，直至吊销许可证。

生产经营的食品、食品添加剂的标签、说明书存在瑕疵但不影响食品安全且不会对消费者造成误导的，由县级以上人民政府食品安全监督管理部门责令改正；拒不改正的，处二千元以下罚款。

3. 生产转基因食品应当按照规定显著标示。

（1）**责任依据**　《中华人民共和国食品安全法》第六十九条。

（2）**处罚依据**　《中华人民共和国食品安全法》第一百二十五条第一款第三项。

（3）**法律责任**　生产无标签的预包装食品、食品添加剂或者标签、说明书不符合食品安全法规定的食品、食品添加剂的，没收违法所得和违法生产经营的食品、食品添加剂，并可以没收用于违法生产经营的工具、设备、原料等物品；违法生产经营的食品、食品添加剂货值金额不足一万元的，并处五千元以上五万元以下罚款；货值金额一万元以上的，并处货值金额五倍以上十倍以下罚款；情节严重的，责令停产停业，直至吊销许可证。

生产经营的食品、食品添加剂的标签、说明书存在瑕疵但不影响食品安全且不会对消费者造成误导的，由县级以上人民政府食品安全监督管理部门责令改正；拒不改正的，处二千元以下罚款。

4. 生产食品添加剂应当有标签、说明书和包装。标签、说明书应当载明《中华人民共和国食品安全法》第六十七条第一款第一项至第六项、第八项、第九项规定的事项，以及食品添加剂的使用范围、用量、使用方法，并在标签上载明“食品添加剂”字样。

（1）**责任依据**　《中华人民共和国食品安全法》第七十条。

（2）**处罚依据**　《中华人民共和国食品安全法》第七十条。

（3）**法律责任**　生产无标签的预包装食品、食品添加剂或者标签、说明书不符合食品安全法规定的食品、食品添加剂的，没收违法所得和违法生产经营的食品、食品添加剂，并可以没收用于违法生产经营的工具、设备、原料等物品；违法生产经营的食品、食品添加剂货值金额不足一万元的，并处五千元以上五万元以下罚款；货值金额一万元以上的，并处货值金额五倍以上十倍以下罚款；情节严重的，责令停产停业，直至吊销许可证。

生产经营的食品、食品添加剂的标签、说明书存在瑕疵但不影响食品安全且不会对消费者造成误导的，由县级以上人民政府食品安全监督管理部门责令改正；拒不改正的，处二千元以下罚款。

5. 标签、说明书，不得含有虚假内容，不得涉及疾病预防、治疗功能。对其提供的标签、说明书的内容负责。

（1）**责任依据**　《中华人民共和国食品安全法》第七十一条。

（2）**处罚依据**　《中华人民共和国食品安全法》第一百二十五条第一款第二项、第二款。

（3）**法律责任**　生产无标签的预包装食品、食品添加剂或者标签、说明书不符合食品安全法规定的食品、食品添加剂的，没收违法所得和违法生产经营的食品、食品添加剂，并可以没收用于违法生产经营的工具、设备、原料等物品；违法生产经营的食品、食品添加剂货值金额不足一万元的，并处五千元以上五万元以下罚款；货值金额一万元以上的，并处货值金额五倍以上十倍以下罚款；情节严重的，责令停产停业，直至吊销许可证。

生产经营的食品、食品添加剂的标签、说明书存在瑕疵但不影响食品安全且不会对消费者造成误导的，由县级以上人民政府食品安全监督管理部门责令改正；拒不改正的，处二千元以下罚款。

6. 标签、说明书应当清楚、明显，生产日期、保质期等事项应当显著标注，

容易辨识。

（1）**责任依据** 《中华人民共和国食品安全法》第七十一条。

（2）**处罚依据** 《中华人民共和国食品安全法》第一百二十五条第一款第二项、第二款。

（3）**法律责任** 生产无标签的预包装食品、食品添加剂或者标签、说明书不符合食品安全法规定的食品、食品添加剂的，没收违法所得和违法生产经营的食品、食品添加剂，并可以没收用于违法生产经营的工具、设备、原料等物品；违法生产经营的食品、食品添加剂货值金额不足一万元的，并处五千元以上五万元以下罚款；货值金额一万元以上的，并处货值金额五倍以上十倍以下罚款；情节严重的，责令停产停业，直至吊销许可证。

生产经营的食品、食品添加剂的标签、说明书存在瑕疵但不影响食品安全且不会对消费者造成误导的，由县级以上人民政府食品安全监督管理部门责令改正；拒不改正的，处二千元以下罚款。

7. 食品和食品添加剂与其标签、说明书的内容不符的，不得上市销售。

（1）**责任依据** 《中华人民共和国食品安全法》第七十一条。

（2）**处罚依据** 《中华人民共和国食品安全法》第一百二十五条第一款第二项、第二款。

（3）**法律责任** 生产无标签的预包装食品、食品添加剂或者标签、说明书不符合食品安全法规定的食品、食品添加剂的，没收违法所得和违法生产经营的食品、食品添加剂，并可以没收用于违法生产经营的工具、设备、原料等物品；违法生产经营的食品、食品添加剂货值金额不足一万元的，并处五千元以上五万元以下罚款；货值金额一万元以上的，并处货值金额五倍以上十倍以下罚款；情节严重的，责令停产停业，直至吊销许可证。

生产经营的食品、食品添加剂的标签、说明书存在瑕疵但不影响食品安全且不会对消费者造成误导的，由县级以上人民政府食品安全监督管理部门责令改正；拒不改正的，处二千元以下罚款。

8. 食品广告的内容应当真实合法，不得含有虚假内容，不得涉及疾病预防、治疗功能。对食品广告内容的真实性、合法性负责。

（1）**责任依据** 《中华人民共和国食品安全法》第七十三条第一款。

（2）**处罚依据** 《中华人民共和国食品安全法》第七十三条第一款。

（3）**法律责任** 在广告中对食品作虚假宣传，欺骗消费者的，依照《中华人民共和国广告法》的规定给予处罚。

对食品作虚假宣传且情节严重的，由省级以上人民政府食品安全监督管理部门决定暂停销售该食品，并向社会公布；仍然销售该食品的，由县级以上人民政府食品安全监督管理部门没收违法所得和违法销售的食品，并处二万元以上五万元以下罚款。

9. 禁止利用包括会议、讲座、健康咨询在内的任何方式对食品进行虚假宣传。

（1）**责任依据**　《中华人民共和国食品安全法实施条例》第三十四条。

（2）**处罚依据**　《中华人民共和国食品安全法实施条例》第七十三条；《中华人民共和国食品安全法》第一百四十条第五款。

（3）**法律责任**　利用会议、讲座、健康咨询等方式对食品进行虚假宣传的，由县级以上人民政府食品安全监督管理部门责令消除影响，有违法所得的，没收违法所得。

情节严重的，由省级以上人民政府食品安全监督管理部门决定暂停销售该食品，并向社会公布；仍然销售该食品的，由县级以上人民政府食品安全监督管理部门没收违法所得和违法销售的食品，并处二万元以上五万元以下罚款。

10. 对保健食品之外的其他食品，不得声称具有保健功能。

（1）**责任依据**　《中华人民共和国食品安全法实施条例》第三十八条。

（2）**处罚依据**　《中华人民共和国食品安全法实施条例》第六十八条第二项；《中华人民共和国食品安全法》第一百二十五条第一款。

（3）**法律责任**　生产的保健食品之外的食品的标签、说明书声称具有保健功能的，没收违法所得和违法生产经营的食品、食品添加剂，并可以没收用于违法生产经营的工具、设备、原料等物品；违法生产经营的食品、食品添加剂货值金额不足一万元的，并处五千元以上五万元以下罚款；货值金额一万元以上的，并处货值金额五倍以上十倍以下罚款；情节严重的，责令停产停业，直至吊销许可证。

11. 委托生产食品、食品添加剂的，应当委托取得食品生产许可、食品添加剂生产许可的生产者生产，并对其生产行为进行监督，对委托生产的食品、食品添加剂的安全负责。受委托企业应当在受委托生产的食品的标签中，标明自己的名称、地址、联系方式和食品生产许可证编号等信息。

（1）**责任依据**　《中华人民共和国食品安全法实施条例》第二十一条；《中华人民共和国食品安全法》第六十七条第九项。

（2）**处罚依据**　《中华人民共和国食品安全法》第一百二十五条第一款第

二项、第二款。

（3）**法律责任** 没收违法所得和违法生产经营的食品、食品添加剂，并可以没收用于违法生产经营的工具、设备、原料等物品；违法生产经营的食品、食品添加剂货值金额不足一万元的，并处五千元以上五万元以下罚款；货值金额一万元以上的，并处货值金额五倍以上十倍以下罚款；情节严重的，责令停产停业，直至吊销许可证。

生产经营的食品、食品添加剂的标签、说明书存在瑕疵但不影响食品安全且不会对消费者造成误导的，由县级以上人民政府食品安全监督管理部门责令改正；拒不改正的，处二千元以下罚款。

六、从业人员管理的责任

1. 应当依法配备与企业规模、食品类别、风险等级、管理水平、安全状况等相适应的食品安全总监、食品安全员等食品安全管理人员，加强对其培训和考核。经考核不具备食品安全管理能力的，不得上岗。

（1）**责任依据** 《中华人民共和国食品安全法》第四十四条第三款，《企业落实食品安全主体责任监督管理规定》。

（2）**处罚依据** 《中华人民共和国食品安全法》第一百二十六条第一款，《企业落实食品安全主体责任监督管理规定》第十八条。

（3）**法律责任** 未按规定配备、培训、考核食品安全总监、食品安全员等食品安全管理人员，责令改正，给予警告；拒不改正的，处五千元以上五万元以下罚款；情节严重的，责令停产停业，直至吊销许可证。

2. 应当建立并执行从业人员健康管理制度。患有国务院卫生行政部门规定的有碍食品安全疾病的人员，不得从事接触直接入口食品的工作。

（1）**责任依据** 《中华人民共和国食品安全法》第四十五条第一款。

（2）**处罚依据** 《中华人民共和国食品安全法》第一百二十六条第一款第二项、第六项。

（3）**法律责任** 未按规定建立从业人员健康管理制度，或安排未取得健康证明或者患有国务院卫生行政部门规定的有碍食品安全疾病的人员从事接触直接入口食品的工作的，责令改正，给予警告；拒不改正的，处五千元以上五万元以下罚款；情节严重的，责令停产停业，直至吊销许可证。

3. 从事接触直接入口食品工作的食品生产人员应当每年进行健康检查，取得健康证明后方可上岗工作。

（1）**责任依据** 《中华人民共和国食品安全法》第四十五条第二款。

（2）**处罚依据** 《中华人民共和国食品安全法》第一百二十六条第一款第六项。

（3）**法律责任** 未按规定建立从业人员健康管理制度，或安排未取得健康证明或者患有国务院卫生行政部门规定的有碍食品安全疾病的人员从事接触直接入口食品的工作的，责令改正，给予警告；拒不改正的，处五千元以上五万元以下罚款；情节严重的，责令停产停业，直至吊销许可证。

4. 不得聘用《中华人民共和国食品安全法》第一百三十五第一款、第二款规定禁止从事食品生产经营管理工作或担任食品安全管理人员的人员。

（1）**责任依据** 《中华人民共和国食品安全法》第一百三十五条第一、二款。

（2）**处罚依据** 《中华人民共和国食品安全法》第一百三十五条第三款。

（3）**法律责任** 违法聘用禁止从事食品生产经营管理工作或担任食品安全管理人员的，由县级以上人民政府食品安全监督管理部门吊销许可证。

5. 食品生产人员应当保持个人卫生，生产食品时，应当将手洗净，穿戴清洁的工作衣、帽等。

（1）**责任依据** 《中华人民共和国食品安全法》第三十三条第一款第八项。

（2）**处罚依据** 《中华人民共和国食品安全法实施条例》第七十条、第七十五条；《中华人民共和国食品安全法》第一百二十六条第一款。

（3）**法律责任** 责令改正，给予警告；拒不改正的，处五千元以上五万元以下罚款；情节严重的，责令停产停业，直至吊销许可证。

七、食品安全管理制度管理的责任

1. 应当建立健全食品安全管理制度，对职工进行食品安全知识培训，加强食品检验工作，依法从事生产活动；企业的主要负责人应当落实企业食品安全管理制度，对本企业的食品安全工作全面负责。

（1）**责任依据** 《中华人民共和国食品安全法》第四十四条第一款。

（2）**处罚依据** 《中华人民共和国食品安全法》第一百二十六条第一款第二项、第十三项。

（3）**法律责任** 未按规定建立食品安全管理制度，或未按规定制定、实施生产经营过程控制要求的，责令改正，给予警告；拒不改正的，处五千元以上五万元以下罚款；情节严重的，责令停产停业，直至吊销许可证。

2. 应当落实食品安全责任制；应当建立食品安全“日管控”“周排查”“月调度”制度。

（1）**责任依据** 《企业落实食品安全主体责任监督管理规定》第三条第一款、第十一条、第十二条、第十三条。

（2）**处罚依据** 《企业落实食品安全主体责任监督管理规定》第十八条，《中华人民共和国食品安全法》第一百二十六条第一款。

（3）**法律责任** 未按责任制要求落实食品安全责任的，责令改正，给予警告；拒不改正的，处五千元以上五万元以下罚款；情节严重的，责令停产停业，直至吊销许可证。

八、食品安全自查管理的责任

应当建立食品安全自查制度，定期对食品安全状况进行检查评价。生产经营条件发生变化，不再符合食品安全要求的，食品生产企业应当立即采取整改措施；有发生食品安全事故潜在风险的，应当立即停止食品生产经营活动，并向所在地县级人民政府食品安全监督管理部门报告。

（1）**责任依据** 《中华人民共和国食品安全法》第四十七条。

（2）**处罚依据** 《中华人民共和国食品安全法》第一百二十六条第一款第十一项。

（3）**法律责任** 食品生产企业未定期对食品安全状况进行检查评价，或者生产条件发生变化，未按规定处理的，责令改正，给予警告；拒不改正的，处五千元以上五万元以下罚款；情节严重的，责令停产停业，直至吊销许可证。

九、食品安全事故管理的责任

1. 应当制定食品安全事故方案，定期检查本企业各项食品安全防范措施落实情况，及时消除事故隐患。

（1）**责任依据** 《中华人民共和国食品安全法》第一百零二条第四款。

（2）**处罚依据** 《中华人民共和国食品安全法》第一百二十六条第一款第四项。

（3）**法律责任** 食品生产企业未制定食品安全事故处置方案的，责令改正，给予警告；拒不改正的，处五千元以上五万元以下罚款；情节严重的，责令停产停业，直至吊销许可证。

2. 发生食品安全事故的应当立即采取措施，防止事故扩大。应当及时向事故

发生地县级人民政府市场监督管理、卫生行政部门报告。

不得对食品安全事故隐瞒、谎报、缓报，不得隐匿、伪造、毁灭有关证据。

（1）**责任依据**　《中华人民共和国食品安全法》第一百零三条第一款、第四款。

（2）**处罚依据**　《中华人民共和国食品安全法》第一百二十八条。

（3）**法律责任**　违反食品安全法规定，事故单位在发生食品安全事故后未进行处置、报告的，由有关主管部门按照各自职责分工责令改正，给予警告；隐匿、伪造、毁灭有关证据的，责令停产停业，没收违法所得，并处十万元以上五十万元以下罚款；造成严重后果的，吊销许可证。

3. 应当对导致或者可能导致食品安全事故的食品及原料、工具、设备、设施等，立即采取封存等控制措施。

（1）**责任依据**　《中华人民共和国食品安全法实施条例》第五十六条。

（2）**处罚依据**　《中华人民共和国食品安全法》第一百二十八条。

（3）**法律责任**　违反食品安全法规定，事故单位在发生食品安全事故后未进行处置、报告的，由有关主管部门按照各自职责分工责令改正，给予警告；隐匿、伪造、毁灭有关证据的，责令停产停业，没收违法所得，并处十万元以上五十万元以下罚款；造成严重后果的，吊销许可证。

十、食品召回管理的责任

1. 发现其生产的食品属于不安全食品的，应当立即停止生产经营，采取通知或者公告的方式告知相关食品生产企业停止生产经营、消费者停止食用，并采取必要的措施防控食品安全风险。

（1）**责任依据**　《食品召回管理办法》第八条第一款。

（2）**处罚依据**　《食品召回管理办法》第八条第二款；第三十八条。

（3）**法律责任**　未依法停止生产经营不安全食品的，县级以上市场监督管理部门可以责令其停止生产经营不安全食品。

不立即停止生产经营、不主动召回、不按规定时限启动召回、不按照召回计划召回不安全食品或者不按照规定处置不安全食品的，由市场监督管理部门给予警告，并处一万元以上三万元以下罚款。

2. 通过自检自查、公众投诉举报、经营者和监督管理部门告知等方式知悉其生产的食品属于不安全食品的，应当主动召回。

（1）**责任依据**　《食品召回管理办法》第十二条第一款。

（2）**处罚依据** 《食品召回管理办法》第十二条第二款；第三十八条。

（3）**法律责任** 应当主动召回不安全食品而没有主动召回的，县级以上市场监督管理部门可以责令其召回。

不立即停止生产经营、不主动召回、不按规定时限启动召回、不按照召回计划召回不安全食品或者不按照规定处置不安全食品的，由市场监督管理部门给予警告，并处一万元以上三万元以下罚款。

3. 发现其生产的食品不符合食品安全标准或者有证据证明可能危害人体健康的，应当立即停止生产，召回已经上市销售的食品，通知相关生产经营者和消费者，并记录召回和通知情况。

（1）**责任依据** 《中华人民共和国食品安全法》第六十三条第一款；《食品召回管理办法》第十二条第二款。

（2）**处罚依据** 《中华人民共和国食品安全法》第六十三条第五款；《中华人民共和国食品安全法》第一百二十四条第一款第九项。

（3）**法律责任** 食品生产企业未依照规定召回或者停止经营的，县级以上人民政府食品安全监督管理部门可以责令其召回或者停止经营。

尚不构成犯罪的，由县级以上人民政府食品安全监督管理部门没收违法所得和违法生产经营的食品、食品添加剂，并可以没收用于违法生产经营的工具、设备、原料等物品；违法生产经营的食品、食品添加剂货值金额不足一万元的，并处五万元以上十万元以下罚款；货值金额一万元以上的，并处货值金额十倍以上二十倍以下罚款；情节严重的，吊销许可证。

4. 食用后已经或者可能导致严重健康损害甚至死亡的，应当在知悉食品安全风险后 24 小时内启动召回，并向县级以上地方市场监督管理部门报告召回计划。

（1）**责任依据** 《食品召回管理办法》第十三条第一项。

（2）**处罚依据** 《食品召回管理办法》第三十八条、第四十条。

（3）**法律责任** 不立即停止生产经营、不主动召回、不按规定时限启动召回、不按照召回计划召回不安全食品或者不按照规定处置不安全食品的，由市场监督管理部门给予警告，并处一万元以上三万元以下罚款。

未按规定履行相关报告义务的，由市场监督管理部门责令改正，给予警告；拒不改正的，处二千元以上二万元以下罚款。

5. 食用后已经或者可能导致一般健康损害，应当在知悉食品安全风险后 48 小时内启动召回，并向县级以上地方市场监督管理部门报告召回计划。

（1）**责任依据**　《食品召回管理办法》第十三条第二项。

（2）**处罚依据**　《食品召回管理办法》第三十八条、第四十条。

（3）**法律责任**　不立即停止生产经营、不主动召回、不按规定时限启动召回、不按照召回计划召回不安全食品或者不按照规定处置不安全食品的，由市场监督管理部门给予警告，并处一万元以上三万元以下罚款。

未按规定履行相关报告义务的，由市场监督管理部门责令改正，给予警告；拒不改正的，处二千元以上二万元以下罚款。

6. 标签、标识存在虚假标注的食品，应当在知悉食品安全风险后 72 小时内启动召回，并向县级以上地方市场监督管理部门报告召回计划。

标签、标识存在瑕疵，食用后不会造成健康损害的食品，应当改正，可以自愿召回。

（1）**责任依据**　《食品召回管理办法》第十三条第三项。

（2）**处罚依据**　《食品召回管理办法》第三十八条、第四十条。

（3）**法律责任**　不立即停止生产经营、不主动召回、不按规定时限启动召回、不按照召回计划召回不安全食品或者不按照规定处置不安全食品的，由市场监督管理部门给予警告，并处一万元以上三万元以下罚款。

未按规定履行相关报告义务的，由市场监督管理部门责令改正，给予警告；拒不改正的，处二千元以上二万元以下罚款。

7. 应当按照召回计划召回不安全食品。县级以上地方市场监督管理部门收到食品生产企业的召回计划后，必要时可以组织专家对召回计划进行评估。评估结论认为召回计划应当修改的，应当立即修改，并按照修改后的召回计划实施召回。

（1）**责任依据**　《食品召回管理办法》第十四条。

（2）**处罚依据**　《食品召回管理办法》第三十八条。

（3）**法律责任**　不立即停止生产经营、不主动召回、不按规定时限启动召回、不按照召回计划召回不安全食品或者不按照规定处置不安全食品的，由市场监督管理部门给予警告，并处一万元以上三万元以下罚款。

8. 对因停止生产经营、召回等原因退出市场的不安全食品采取补救、无害化处理、销毁等处置措施。

（1）**责任依据**　《食品召回管理办法》第二十三条第一款。

（2）**处罚依据**　《食品召回管理办法》第三十八条。

（3）**法律责任**　不立即停止生产经营、不主动召回、不按规定时限启动召回、不按照召回计划召回不安全食品或者不按照规定处置不安全食品的，由市场监督管理部门给予警告，并处一万元以上三万元以下罚款。

9. 未依法处置不安全食品的，县级以上地方市场监管监督管理部门可以责令其依法处置不安全食品。

（1）**责任依据** 《食品召回管理办法》第二十三条第二款。

（2）**处罚依据** 《食品召回管理办法》第四十一条。

（3）**法律责任** 市场监督管理部门责令食品生产企业依法处置不安全食品，食品生产企业拒绝或拖延履行的，由市场监督管理部门给予警告，并处二万元以上三万元以下罚款。

10. 对违法添加非食用物质、腐败变质、病死畜禽等严重危害人体健康和生命安全的不安全食品，应当立即就地销毁。

（1）**责任依据** 《食品召回管理办法》第二十四条第一款。

（2）**处罚依据** 《食品召回管理办法》第三十八条。

（3）**法律责任** 不立即停止生产经营、不主动召回、不按规定时限启动召回、不按照召回计划召回不安全食品或者不按照规定处置不安全食品的，由市场监督管理部门给予警告，并处一万元以上三万元以下罚款。

11. 不具备就地销毁条件的，可由不安全食品生产企业集中销毁处理。在集中销毁处理前，应当向县级以上地方市场监管监督管理部门报告。

（1）**责任依据** 《食品召回管理办法》第二十四条第二款。

（2）**处罚依据** 《食品召回管理办法》第四十条。

（3）**法律责任** 未按规定履行相关报告义务的，由市场监督管理部门责令改正，给予警告；拒不改正的，处二千元以上二万元以下罚款。

12. 应如实记录停止生产经营、召回和处置不安全食品的名称、商标、规格、生产日期、批次、数量等内容。记录保存期限不得少于两年。

（1）**责任依据** 《食品召回管理办法》第二十八条。

（2）**处罚依据** 《食品召回管理办法》第四十二条。

（3）**法律责任** 未按规定记录保存不安全食品停止生产经营、召回和处置情况的，责令改正，给予警告；拒不改正的，处二千元以上二万元以下罚款。

十一、网络交易管理的责任

1. 入网食品生产企业应当依法取得许可，入网食品生产企业应当按照许可的类别范围销售食品。

（1）**责任依据** 《网络食品安全违法行为查处办法》第十六条第一款。

（2）**处罚依据** 《网络食品安全违法行为查处办法》第三十八条；《中华人民共和国食品安全法》第一百二十二条第一款。

（3）**法律责任** 入网食品生产企业未依法取得食品生产许可，或者超过许可的类别范围销售食品的，没收违法所得和违法生产经营的食品、食品添加剂以及用于违法生产经营的工具、设备、原料等物品；违法生产经营的食品、食品添加剂货值金额不足一万元的，并处五万元以上十万元以下罚款；货值金额一万元以上的，并处货值金额十倍以上二十倍以下罚款。

2. 通过自建网站交易的食品生产企业应当在通信主管部门批准后 30 个工作日内，向所在地市、县级市场监督管理部门备案，取得备案号。

（1）**责任依据** 《网络食品安全违法行为查处办法》第八条第二款。

（2）**处罚依据** 《网络食品安全违法行为查处办法》第二十九条。

（3）**法律责任** 通过自建网站交易的食品生产企业未履行相应备案义务的，责令改正，给予警告；拒不改正的，处五千元以上三万元以下罚款。

3. 通过自建网站交易的食品生产企业应当具备数据备份、故障恢复等技术条件，保障网络食品交易数据和资料的可靠性与安全性。

（1）**责任依据** 《网络食品安全违法行为查处办法》第九条。

（2）**处罚依据** 《网络食品安全违法行为查处办法》第三十条。

（3）**法律责任** 通过自建网站交易的食品生产企业不具备数据备份、故障恢复等技术条件，不能保障网络食品交易数据和资料的可靠性与安全性的，责令改正，给予警告；拒不改正的，处三万元罚款。

4. 入网食品生产企业不得从事下列行为。

网上刊载的食品名称、成分或者配料表、产地、保质期、贮存条件，生产者名称、地址等信息与食品标签或者标识不一致；

网上刊载的非保健食品信息明示或者暗示具有保健功能；

对在贮存、运输、食用等方面有特殊要求的食品，未在网上刊载的食品信息中予以说明和提示；

法律、法规规定禁止从事的其他行为。

（1）**责任依据** 《网络食品安全违法行为查处办法》第十七条第一、二、三、四、五项。

（2）**处罚依据** 《网络食品安全违法行为查处办法》第三十九条。

（3）**法律责任** 入网食品生产企业违反《网络食品安全违法行为查处办

法》第十七条禁止性规定的，责令改正，给予警告；拒不改正的，处五千元以上三万元以下罚款。

5. 通过第三方平台进行交易的食品生产企业应当在其经营活动主页面显著位置公示其食品生产经营许可证。通过自建网站交易的食品生产企业应当在其网站首页显著位置公示营业执照、食品生产许可证。

（1）**责任依据**　《网络食品安全违法行为查处办法》第十八条。

（2）**处罚依据**　《网络食品安全违法行为查处办法》第四十条。

（3）**法律责任**　入网食品生产企业未按要求进行信息公示的，责令改正，给予警告；拒不改正的，处五千元以上三万元以下罚款。

6. 入网食品生产企业交易的食品有保鲜、保温、冷藏或者冷冻等特殊贮存条件要求的，入网食品生产企业应当采取能够保证食品安全的贮存、运输措施，或者委托具备相应贮存、运输能力的企业贮存、配送。

（1）**责任依据**　《网络食品安全违法行为查处办法》第二十条。

（2）**处罚依据**　《网络食品安全违法行为查处办法》第四十二条；《中华人民共和国食品安全法》第一百三十二条。

（3）**法律责任**　入网食品生产企业未按要求采取保证食品安全的贮存、运输措施，或者委托不具备相应贮存、运输能力的企业从事贮存、配送的，责令改正，给予警告；拒不改正的，责令停产停业，并处一万元以上五万元以下罚款；情节严重的，吊销许可证。

7. 入网食品生产企业不得提供虚假信息。

（1）**责任依据**　《网络食品安全违法行为查处办法》第四十三条。

（2）**处罚依据**　《网络食品安全违法行为查处办法》第四十三条。

（3）**法律责任**　入网食品生产企业提供虚假信息的，由县级以上地方市场监督管理部门责令改正，处一万元以上三万元以下罚款。

十二、食品追溯管理责任

应当依照《中华人民共和国食品安全法》的规定，建立食品安全追溯体系，保证食品可追溯。

如实记录并保存进货查验、出厂检验、食品销售等信息。

（1）**责任依据**　《中华人民共和国食品安全法》第四十二条第二款；《中华人民共和国食品安全法实施条例》第十八条。

（2）**处罚依据**　《中华人民共和国食品安全法》第一百二十六条第一款第

三项。

（3）**法律责任** 食品、食品添加剂生产企业进货时未查验许可证和相关证明文件，或者未按规定建立并遵守进货查验记录、出厂检验记录和销售记录制度的，责令改正，给予警告；拒不改正的，责令停产停业，并处五千元以上五万元以下罚款；情节严重的直至吊销许可证。

十三、配合食品安全抽样检验管理的责任

1. 被抽样食品生产企业应当在食品安全抽样文书上签字或者盖章，无正当理由不得拒绝、阻挠或者干涉食品安全抽样检验、风险监测和调查处理。

（1）**责任依据** 《食品安全抽样检验管理办法》第十九条第二款。

（2）**处罚依据** 《食品安全抽样检验管理办法》第四十七条。

（3）**法律责任** 无正当理由拒绝、阻挠或者干涉食品安全抽样检验、风险监测和调查处理的，由县级以上人民政府市场监督管理部门依照食品安全法第一百三十三条第一款的规定处罚，责令停产停业，并处二千元以上五万元以下罚款；情节严重的，吊销许可证；违反治安管理处罚法有关规定的，由市场监督管理部门依法移交公安机关处理。

2. 食品生产企业收到监督抽检不合格检验结论后，应当立即采取封存不合格食品，暂停生产、经营不合格食品，通知相关生产经营者和消费者，召回已上市销售的不合格食品等风险控制措施，排查不合格原因并进行整改，及时向住所地市场监督管理部门报告处理情况，积极配合市场监督管理部门的调查处理，不得拒绝、逃避。

在复检和异议期间，不得停止履行前款规定的义务。

（1）**责任依据** 《食品安全抽样检验管理办法》第四十条第一款、第二款。

（2）**处罚依据** 《食品安全抽样检验管理办法》第四十八条。

（3）**法律责任** 经市场监督管理部门责令履行后，食品生产企业仍拒不召回或者停止经营的，由县级以上人民政府市场监督管理部门依照食品安全法第一百二十四条第一款的规定处罚。

没收违法所得和违法生产经营的食品、食品添加剂，并可以没收用于违法生产经营的工具、设备、原料等物品；违法生产经营的食品、食品添加剂货值金额不足一万元的，并处五万元以上十万元以下罚款；货值金额一万元以上的，并处货值金额十倍以上二十倍以下罚款；情节严重的，吊销许可证。

3. 接到表明存在食品安全隐患的食品安全风险监测结果通知的食品生产企业应当立即进行自查，发现食品不符合食品安全标准或者有证据证明可能危害人体健康的，应当依照食品安全法第六十三条的规定停止生产、经营，实施食品召回，并报告相关情况。

（1）**责任依据** 《食品安全抽样检验管理办法》第四十一条。

（2）**处罚依据** 《食品安全抽样检验管理办法》第四十八条。

（3）**法律责任** 经市场监督管理部门责令履行后，食品生产企业仍拒不召回或者停止经营的，由县级以上人民政府市场监督管理部门依照食品安全法第一百二十四条第一款的规定处罚。

没收违法所得和违法生产经营的食品、食品添加剂，并可以没收用于违法生产经营的工具、设备、原料等物品；违法生产经营的食品、食品添加剂货值金额不足一万元的，并处五万元以上十万元以下罚款；货值金额一万元以上的，并处货值金额十倍以上二十倍以下罚款；情节严重的，吊销许可证。

十四、配合日常监督检查管理的责任

1. 作为被检查单位的食品生产企业，不得拒绝、阻挠、干涉市场监督管理部门依法实施的监督检查。

食品生产企业应当配合监督检查工作，按照市场监督管理部门的要求，开放食品生产经营场所，回答相关询问，提供相关合同、票据、账簿以及前次监督检查结果和整改情况等其他有关资料，协助生产经营现场检查和抽样检验，并为检查人员提供必要的工作条件。

（1）**责任依据** 《食品生产经营监督检查管理办法》第二十五条、第二十六条。

（2）**处罚依据** 《食品生产经营监督检查管理办法》第四十九条、第五十条，《中华人民共和国食品安全法》第一百三十三条第一款。

（3）**法律责任** 食品生产企业有拒绝、阻挠、干涉市场监督管理部门进行监督检查情形的，责令停产停业，并处二千元以上五万元以下罚款；情节严重的，吊销许可证；构成违反治安管理行为的，由公安机关依法给予治安管理处罚。

违反治安管理处罚相关规定的，由市场监督管理部门依法移交公安机关处理。

以暴力、威胁等方法阻碍检查人员依法履行职责，涉嫌犯罪的，由市场监督管理部门依法移交公安机关处理。

2. 不得拒绝、拖延、限制检查人员进入被检查场所或者区域，或者限制检查时间；

不得拒绝或者限制抽取样品、录像、拍照和复印等调查取证工作；

不得无正当理由不提供或者延迟提供与检查相关的合同、记录、票据、账簿、电子数据等材料；

不得以主要负责人、主管人员或者相关工作人员不在岗为由，或者故意以停止生产经营等方式欺骗、误导、逃避检查；

不得以暴力、威胁等方法阻碍检查人员依法履行职责；

不得隐藏、转移、变卖、损毁检查人员依法查封、扣押的财物；

不得伪造、隐匿、毁灭证据或者提供虚假情况；

不得其他妨碍检查人员履行职责。

（1）**责任依据** 《食品生产经营监督检查管理办法》第二十五条、第二十六条。

（2）**处罚依据** 《食品生产经营监督检查管理办法》第四十九条、第五十条；《中华人民共和国食品安全法》第一百三十三条第一款。

（3）**法律责任** 食品生产企业有拒绝、阻挠、干涉市场监督管理部门进行监督检查情形的，责令停产停业，并处二千元以上五万元以下罚款；情节严重的，吊销许可证；构成违反治安管理行为的，由公安机关依法给予治安管理处罚。

违反治安管理处罚相关规定的，由市场监督管理部门依法移交公安机关处理。

以暴力、威胁等方法阻碍检查人员依法履行职责，涉嫌犯罪的，由市场监督管理部门依法移交公安机关处理。

3. 检查结果对消费者有重要影响的，食品生产企业应当按照规定在食品生产经营场所醒目位置张贴或者公开展示监督检查结果记录表，并保持至下次监督检查。有条件的可以通过电子屏幕等信息化方式向消费者展示监督检查结果记录表。

（1）**责任依据** 《食品生产经营监督检查管理办法》第三十九条第二款。

（2）**处罚依据** 《食品生产经营监督检查管理办法》第四十八条。

（3）**法律责任** 食品生产企业未按照规定在显著位置张贴或者公开展示相关监督检查结果记录表，撕毁、涂改监督检查结果记录表，或者未保持日常监督检查结果记录表至下次日常监督检查的，由县级以上地方市场监督管理部门责令改正；拒不改正的，给予警告，可以并处五千元以上五万元以下罚款。

4. 检查人员综合监督检查情况进行判定后，确定检查结果为有发生食品安全事故潜在风险的，食品生产企业应当立即停止生产经营活动。

（1）**责任依据**　《食品生产经营监督检查管理办法》第三十一条。

（2）**处罚依据**　《中华人民共和国食品安全法》第一百二十六条第一款第十一项。

（3）**法律责任**　食品生产企业应当立即停止生产经营活动而未停止的，责令改正，给予警告；拒不改正的，处五千元以上五万元以下罚款；情节严重的，责令停产停业，直至吊销许可证。

十五、合法委托生产的责任

食品、食品添加剂生产经营者委托生产食品、食品添加剂的，应当委托取得食品生产许可、食品添加剂生产许可的生产者生产，并对其生产行为进行监督，对委托生产的食品、食品添加剂的安全负责。受托方应当依照法律、法规、食品安全标准以及合同约定进行生产，对生产行为负责，并接受委托方的监督。

（1）**责任依据**　《中华人民共和国食品安全法》第二十一条。

（2）**处罚依据**　根据具体违法情形确定。

（3）**法律责任**　根据具体违法情形确定。

十六、其他条款（情节严重情形认定、违法行为“处罚到人”及从业禁止规定）

1. 违法行为属于情节严重情形的：

（1）违法行为涉及的产品货值金额二万元以上或者违法行为持续时间三个月以上；

（2）造成食源性疾病并出现死亡病例，或者造成三十人以上食源性疾病但未出现死亡病例；

（3）故意提供虚假信息或者隐瞒真实情况；

（4）拒绝、逃避监督检查；

（5）因违反食品安全法律、法规受到行政处罚后一年内又实施同一性质的食品安全违法行为，或者因违反食品安全法律、法规受到刑事处罚后又实施食品安全违法行为；

（6）其他情节严重的情形。

对情节严重的违法行为处以罚款时，应当依法从重从严。

（1）**责任依据** 《中华人民共和国食品安全法实施条例》第六十七条。

（2）**处罚依据** 《中华人民共和国食品安全法》第一百二十三条至第一百二十六条、第一百三十二条以及《中华人民共和国食品安全法实施条例》第七十二条、第七十三条。

（3）**法律责任** 根据具体违法情形确定。

2. 食品生产企业等单位有食品安全法规定的违法情形，除依照食品安全法的规定给予处罚外，有下列情形之一的：

（1）故意实施违法行为；

（2）违法行为性质恶劣；

（3）违法行为造成严重后果。

属于食品安全法第一百二十五条第二款规定情形的，不适用前款规定。

食品安全总监、食品安全员发现有食品安全事故潜在风险的，应当提出停止相关食品生产经营活动等否决建议。食品生产经营企业及其主要负责人无正当理由未采纳食品安全总监、食品安全员提出的否决建议的，属于前款规定的故意实施违法行为的情形。食品安全总监、食品安全员已经依法履职尽责的，不予处罚。

（1）**责任依据** 《中华人民共和国食品安全法实施条例》第七十五条。

（2）**处罚依据** 《中华人民共和国食品安全法实施条例》第七十五条。

（3）**法律责任** 对单位的法定代表人、主要负责人、直接负责的主管人员和其他直接责任人员处以其上一年度从本单位取得收入的一倍以上十倍以下罚款。

3. 被吊销许可证的食品生产经营者及其法定代表人、直接负责的主管人员和其他直接责任人员自处罚决定作出之日起五年内不得申请食品生产经营许可，或者从事食品生产经营管理工作、担任食品生产经营企业食品安全管理人员。

因食品安全犯罪被判处有期徒刑以上刑罚的，终身不得从事食品生产经营管理工作，也不得担任食品生产经营企业食品安全管理人员。

（1）**责任依据** 《中华人民共和国食品安全法》第一百三十五条第一款、第二款。

（2）**处罚依据** 《中华人民共和国食品安全法》第一百三十五条第三款。

（3）**法律责任** 食品生产经营者聘用人员违反前两款规定的，由县级以上人民政府食品安全监督管理部门吊销许可证。

备注：

1. 本清单不包含特殊食品生产经营企业的特殊规定，保健食品、特殊医学用途配方食品、婴幼儿配方食品遵照相关规定执行。

2. 主体责任描述中限定企业类别的，不生产经营限定类别产品的企业不适用。

3. 除上述列出的食品安全主体责任外，企业还应对照《中华人民共和国食品安全法》等相关法律、法规、规章、标准和技术规范相关要求，全面履行食品安全主体责任；相关法律、法规、规章等规定有变化的，按照新的规定落实主体责任。

附录四　江苏省食品小作坊和食品摊贩管理条例

江苏省食品小作坊和食品摊贩管理条例

（2016 年 3 月 30 日江苏省第十二届人民代表大会常务委员会第二十二次会议通过，2021 年 5 月 27 日江苏省第十三届人民代表大会常务委员会第二十三次会议修正）

第一章　总则

第一条　为了规范食品小作坊和食品摊贩的生产经营行为，传承饮食文化，方便群众生活，保证食品安全，保障公众身体健康和生命安全，根据《中华人民共和国食品安全法》和《中华人民共和国食品安全法实施条例》等法律、行政法规，结合本省实际，制定本条例。

第二条　本条例适用于本省行政区域内食品小作坊和食品摊贩的食品生产经营及其监督管理活动。

本条例所称食品小作坊，主要是指具有固定生产加工场所、生产规模较小、从业人员较少、生产条件简单的食品生产经营者，但不包括食用农产品生产者。

本条例所称食品摊贩，是指不在固定店铺从事食品销售或者现场制售的食品经营者。

第三条　食品小作坊和食品摊贩应当依法从事食品生产经营活动，对其生产经营的食品安全负责，接受社会监督，承担社会责任。

第四条 县级以上地方人民政府统一领导、组织、协调本行政区域的食品小作坊和食品摊贩的监督管理工作，加强监督管理能力建设，提供与食品小作坊和食品摊贩的监督管理工作相适应的经费、人员等保障。

设区的市、县（市、区）人民政府应当根据实际需要统筹规划，合理布局，建设、改造适合食品小作坊和食品摊贩生产经营的集中场所，完善基础设施及配套设施，鼓励和支持食品小作坊和食品摊贩进入集中区域生产经营。

地方各级人民政府应当采取措施，扶持生产经营本地优质特色食品、传统食品的食品小作坊和食品摊贩的健康发展。

第五条 县级以上地方人民政府市场监督管理部门对本行政区域的食品小作坊和食品摊贩实施监督管理。

卫生健康、城市管理行政执法、农业农村、生态环境、公安、民族事务等部门在各自职责范围内，承担与食品小作坊和食品摊贩有关的监督管理工作。

第六条 乡镇人民政府、街道办事处应当依照本条例和上级人民政府的规定，做好本辖区内食品小作坊和食品摊贩的监督管理工作。

村民委员会、居民委员会应当协助有关部门和乡镇人民政府、街道办事处做好食品小作坊和食品摊贩的监督管理工作。

第七条 县级以上地方人民政府应当建立健全食品安全举报奖励和保护制度，公布举报电话，方便群众举报，有关部门应当对举报人的信息予以保密。

任何组织和个人有权举报食品小作坊和食品摊贩生产经营活动中的违法行为。

第八条 鼓励食品小作坊、食品摊贩组建行业协会或者加入相关食品行业协会。相关食品行业协会应当加强行业自律，依照章程为食品小作坊和食品摊贩提供培训、咨询、维权等服务，引导食品小作坊和食品摊贩合法生产经营。

第九条 地方各级人民政府及市场监督管理等部门应当有计划地组织开展食品安全法律、法规以及食品安全知识的宣传教育，增强公众的食品安全意识和自我保护能力。

新闻媒体应当真实、公正地报道食品小作坊和食品摊贩的食品安全状况，加强对食品安全违法行为的舆论监督。

第二章 食品小作坊生产加工

第十条 食品小作坊实行登记管理。食品小作坊从事食品生产加工活动，应当依法取得营业执照，并向所在地县级市场监督管理部门申请食品小作坊登记证。申领登记证应当符合下列要求：

（一）具有与生产加工的食品品种、规模相适应的固定场所和设备、设施；

（二）具有合理的设备布局和工艺流程；

（三）具有食品安全管理人员和保证食品安全的管理制度。

清真食品小作坊应当同时符合清真食品生产经营管理的有关规定。

登记证具体申领办法由设区的市、县（市）人民政府确定。

第十一条 市场监督管理部门应当依法对申请人提交的材料进行审核，并按照规定对其生产加工场所进行现场核查。对符合规定条件的，决定准予登记，颁发食品小作坊登记证，并通报相关乡镇人民政府或者街道办事处；对不符合规定条件的，决定不予登记并书面说明理由。

第十二条 食品小作坊登记证应当载明食品小作坊名称、地址、经营者姓名、食品品种范围和产品包装形式等信息。

食品小作坊登记证有效期为三年。有效期满需要延续的，应当在届满三十日前，向原发证部门提出申请。

第十三条 对食品小作坊生产加工的食品实行目录管理，具体生产加工的食品品种目录由县级市场监督管理部门结合本地实际制定，经同级人民政府批准后向社会公布，并报上一级市场监督管理部门备案。

禁止食品小作坊生产加工下列食品：

（一）乳制品、罐头制品；

（二）用勾兑工艺生产的酒类；

（三）保健食品；

（四）特殊医学用途配方食品、婴幼儿配方食品和其他专供特定人群的主辅食品；

（五）国家和省规定的禁止生产加工的其他食品。

第十四条 省卫生健康部门应当会同省市场监督管理部门制定包括食品小作坊场所环境、布局、设施、卫生管理、生产过程控制、记录管理等内容的食品小作坊卫生规范，规范食品小作坊的生产加工活动。

第十五条 食品小作坊应当遵守下列规定：

（一）从事接触直接入口食品工作的从业人员每年进行健康检查，持有有效健康证明；

（二）待加工食品与直接入口食品、原料与成品分开存放，防止交叉污染，避免食品接触有毒物、不洁物；

（三）贮存、运输和装卸食品的容器、工具和设备安全、无害，保持清洁，不得将食品与有毒、有害物品一同贮存、运输；

（四）生产加工场所不得存放有毒、有害物品及个人生活物品；

（五）及时清理超过保质期或者变质的食品及其原料、食品添加剂；

（六）用水符合国家规定的生活饮用水卫生标准；

（七）使用的洗涤剂、消毒剂等清洗消毒产品对人体安全、无害；

（八）遵守城市市容和环境卫生管理的相关规定；

（九）国家和省的其他规定。

第十六条 食品小作坊应当建立进货查验制度，采购食品原料、食品添加剂、食品相关产品时，应当查验供货者的许可证和同批次产品合格证明文件。对无法提供合格证明文件的食品原料，应当索要有关购销凭证或者记录其来源。不得采购或者使用不符合食品安全标准的原料、食品添加剂和食品相关产品。

食品小作坊应当保存相关凭证或者记录，保存期限不得少于产品保质期满后六个月；没有明确保质期的，保存期限不得少于二年。

第十七条 食品小作坊应当指定专人保管、专柜贮存食品添加剂，并标示“食品添加剂”字样。

第十八条 食品小作坊生产加工散装食品的，应当在盛放该食品的容器上采用贴标或者挂牌等方式标明食品的名称、生产日期、保质期、贮存条件等信息；有包装的，还应当在包装上标明食品小作坊的名称、地址、联系方式、登记证编号、成分或者配料表等。

第十九条 食品小作坊不得有下列行为：

（一）使用非食品原料生产食品或者在食品中添加食品添加剂以外的化学物质和其他可能危害人体健康的物质，或者使用回收食品生产加工食品；

（二）生产经营致病性微生物，农药残留、兽药残留、生物毒素、重金属等污染物质以及其他危害人体健康的物质含量超过食品安全标准限量的食品；

（三）生产经营腐败变质、油脂酸败、霉变生虫、污秽不洁、混有异物、掺假掺杂或者感官性状异常的食品；

（四）使用未经检疫或者检疫不合格的肉类，或者使用未经检验或者检验不合格的肉类制品；

（五）使用病死、毒死或者死因不明的禽、畜、兽、水产动物肉类及其制品；

（六）以餐厨废弃物、废弃油脂为原料加工制作食用油或者以此类油脂为原料生产加工食品；

（七）使用超过保质期的食品原料、食品添加剂生产加工食品，或者销售超过保质期的食品；

（八）使用不符合食品安全标准的原料、食品添加剂和食品相关产品或者超范围、超限量使用食品添加剂；

（九）超出登记的食品品种范围和包装形式生产加工食品；

（十）伪造、变造、冒用食品小作坊登记证、产品包装、标签标识或者其他证明材料生产加工食品；

（十一）接受食品生产企业和其他食品小作坊的委托生产加工或者分装食品；

（十二）违反食品安全法律、法规的其他行为。

第二十条 食品小作坊在登记证有效期内连续停产三个月以上的，应当在重新开业前七日内书面报告所在地县级市场监督管理部门。

第二十一条 食品小作坊应当在生产加工场所的显著位置明示营业执照、食品小作坊登记证、食品安全承诺书、从业人员健康证明和使用的食品添加剂目录。

第三章 食品摊贩经营

第二十二条 县级人民政府和乡镇人民政府、街道办事处应当根据实际需要，按照方便群众、合理布局的原则，在征求社会公众意见后，划定食品摊贩经营区域、确定经营时段，并向社会公布。

在划定区域外，乡镇人民政府、街道办事处根据群众需求，在不影响安全、交通、市容环保等情况下，可以在城市非主干道两侧临时指定一定路段、时段供食品摊贩经营。

第二十三条 设区的市、县（市、区）人民政府可以根据本地区实际建设特色食品街区，为食品摊贩经营提供统一摊位，并提供水、电、垃圾处理等便利。

设区的市、县（市、区）人民政府应当划定幼儿园、中小学校周边食品摊贩经营禁止区域并向社会公布。

第二十四条 食品摊贩实行备案管理。食品摊贩从事经营活动，应当向所在地乡镇人民政府或者街道办事处备案，提供经营者的身份证、住址、联系方式和经营品种等信息。

乡镇人民政府、街道办事处应当及时将食品摊贩备案信息通报所在地县级市场监督管理、城市管理行政执法部门。

第二十五条 乡镇人民政府、街道办事处应当根据备案信息制作并发放食品摊贩信息公示卡。食品摊贩信息公示卡应当载明食品摊贩的姓名、经营品种、经营区域、经营时段等信息。

乡镇人民政府、街道办事处在日常管理中，发现食品摊贩未办理食品摊贩信息公示卡的，应当告知其及时办理。

第二十六条 食品摊贩应当在划定区域和确定时段内从事食品经营活动，并在其摊位明显位置张挂食品摊贩信息公示卡和从业人员健康证明。

第二十七条 食品摊贩应当遵守下列规定：

（一）从事接触直接入口食品工作的从业人员每年进行健康检查，持有有效健康证明；

（二）具备相应的制售食品的设备、设施以及防尘、防蝇、防鼠、防虫等卫生防护设施；

（三）使用的食品包装容器、工具和接触食品的售货设施无毒、无害，符合卫生要求；

（四）使用的洗涤剂、消毒剂等清洗消毒产品对人体安全、无害；

（五）用水符合国家规定的生活饮用水卫生标准；

（六）遵守城市市容和环境卫生管理的相关规定，及时清理场地，保持环境整洁、卫生。

第二十八条 食品摊贩不得有下列行为：

（一）本条例第十九条第一项至第八项规定的行为；

（二）经营生食水产品等生食类食品、裱花蛋糕和用勾兑工艺生产的酒类；

（三）经营不符合食品安全标准的其他食品。

第四章 监督管理

第二十九条 地方各级人民政府和有关部门应当通过奖励、资金资助、减免场地租金、税收优惠、信贷支持等措施，鼓励、支持富有地方传统特色、满足群众需求的食品小作坊和食品摊贩改善生产经营条件和工艺技术，创建品牌；鼓励、扶持本地历史悠久的食品小作坊传统特色食品生产技艺申报非物质文化遗产。

鼓励食品小作坊扩大生产规模、提高生产经营能力，逐步向食品生产企业转型。鼓励食品摊贩采取提升改造、联合经营等方式改进经营条件、提高经营水平。

第三十条 县级以上地方人民政府应当将食品小作坊和食品摊贩的监督管理纳入本行政区域的食品安全年度监督管理计划，并组织实施。食品安全年度监督管理计划应当包括对食品小作坊和食品摊贩生产经营食品的抽样检验内容。

省卫生健康部门应当会同相关部门将食品小作坊和食品摊贩纳入省食品安全风险监测范围，加强对食品小作坊和食品摊贩的食品安全风险监测工作。

第三十一条 市场监督管理部门在履行食品小作坊和食品摊贩食品安全监督管理职责中，有权采取下列措施，对食品小作坊和食品摊贩遵守本条例的情况进行监督检查：

（一）进入生产经营场所实施现场检查；

（二）对生产经营的食品，使用的食品添加剂、食品相关产品进行抽样检验；

（三）查阅、复制有关合同、票据、账簿、凭证、记录以及其他有关资料；

（四）查封、扣押有证据证明不符合食品安全标准或者存在安全隐患以及用于违法生产经营的食品、食品添加剂、食品相关产品；

（五）查封违法从事食品生产经营活动的场所。

第三十二条 市场监督管理部门应当建立日常监督检查制度，加强对食品小作坊和食品摊贩生产经营活动的监督检查。发现不符合食品生产经营要求情形的，应当责令立即纠正，并依法予以处理；对于食品小作坊不再符合登记条件的，应当撤销登记。

第三十三条 食品小作坊和食品摊贩生产经营的食品应当符合食品安全标准。没有相应食品安全国家标准，需要在本省行政区域内统一食品安全要求的，省卫生健康部门应当依法组织制定并公布食品安全地方标准。

对本地区具有文化传承功能、地方特色鲜明的食品，设区的市可以根据实际需要组织制定地方特色食品质量规范。

鼓励行业协会依法制定地方特色食品的加工制作要求，规范地方特色食品的所需原料和制作方法等，促进地方特色食品的传承。

第三十四条 市场监督管理部门应当对食品小作坊和食品摊贩生产经营的食品进行抽样检验，并依据有关规定公布检验结果。对消费者投诉举报较多、本地区消费量大和食品安全风险监测结果表明可能存在食品安全隐患的食品，应当加大抽样检验频次。

市场监督管理部门可以采用国家规定的快速检测方法对食品小作坊和食品摊

贩生产经营的食品进行抽查检测。

进行抽样检验、快速检测，应当购买抽取的样品，不得向食品小作坊和食品摊贩收取检验费和其他费用。

第三十五条 发生食品安全事故的食品小作坊和食品摊贩应当立即停止生产经营，采取措施，防止事故扩大，封存有关食品及其原料、工具、设备，并在事故发生后二小时内向当地县级市场监督管理部门报告。

发生食物中毒的，应当及时送医疗机构救治。收治中毒者的医疗机构发现其接受的病人属于食源性疾病病人或者疑似病人的，应当在二小时内向事故发生地县级市场监督管理、卫生健康部门报告。

市场监督管理部门接到食品安全事故报告后，应当根据食品安全事故应急预案的规定向本级人民政府和上一级市场监督管理部门报告，立即赶到事故现场，会同卫生健康部门进行调查处理，采取措施防止或者减轻社会危害。

任何单位和个人不得隐瞒、谎报、缓报食品安全事故，不得隐匿、伪造、毁灭有关证据。

第三十六条 市场监督管理部门应当采用行政指导、示范引导等方式，督促食品小作坊和食品摊贩自觉遵守食品安全法律、法规，规范从事生产经营活动，提高食品质量安全水平。

第三十七条 市场监督管理部门应当加强对执法人员食品安全法律、法规、标准和专业知识与执法能力的培训，提高对食品小作坊和食品摊贩食品安全的监督管理水平。

市场监督管理部门应当组织对食品小作坊和食品摊贩的从业人员进行免费食品安全培训，加强对食品小作坊和食品摊贩的诚信教育。

相关食品行业协会应当制定食品行业规范，宣传、普及食品安全知识，推动行业诚信建设，促进提升本行业食品安全水平，为完善食品安全监督管理制度提供意见和建议。

第三十八条 乡镇人民政府、街道办事处应当组织食品安全协管员、信息员队伍，协助市场监督管理等部门开展食品小作坊和食品摊贩的日常管理，根据本地实际情况开展食品小作坊和食品摊贩的安全隐患排查。

发现食品小作坊和食品摊贩存在食品安全隐患或者违法生产经营行为的，乡镇人民政府、街道办事处、村民委员会、居民委员会应当及时制止，告知所在地县级市场监督管理、城市管理行政执法等部门并协助处理。

第三十九条 市场监督管理部门应当建立食品小作坊和食品摊贩信用档案，

记录食品小作坊和食品摊贩的基本信息、日常监督检查结果、违法行为查处等情况，并向社会公布。

市场监督管理部门应当根据食品安全抽样检验、风险监测和信用记录等情况，确定监督管理的重点、方式和频次，对食品小作坊和食品摊贩实施风险分级管理。

食品小作坊和食品摊贩存在严重违法行为、造成恶劣社会影响的，市场监督管理部门可以通过电视、报刊、互联网、广播等媒体予以曝光。

第四十条 县级以上地方人民政府及其市场监督管理、卫生健康、农业农村等部门应当依照国家和省有关规定在各自职责范围内，通过政府网站、新闻发布会以及报刊、广播、电视等便于公众知晓的方式，准确、及时、客观地公布涉及食品小作坊和食品摊贩食品安全的相关信息。

县级以上地方人民政府应当逐步建立和完善食品小作坊和食品摊贩信息管理系统，实现食品安全信息公开和信息资源共享。

第五章 法律责任

第四十一条 食品小作坊违反本条例第十条第一款规定，未经市场监督管理部门登记从事食品生产加工活动的，由市场监督管理部门没收违法所得和违法生产加工的食品，并可没收用于违法生产加工的工具、设备、原料等物品；违法生产加工的食品货值金额不足一万元的，并处二千元以上五万元以下罚款；货值金额一万元以上的，并处货值金额五倍以上十倍以下罚款。

第四十二条 食品小作坊违反本条例第十三条第二款、第十九条规定的，由市场监督管理部门没收违法所得和违法生产加工的食品以及用于违法生产加工的工具、设备、原料等物品；违法生产加工的食品货值金额不足一万元的，并处一万元以上五万元以下罚款；货值金额一万元以上的，并处货值金额五倍以上十倍以下罚款；情节严重的，责令停产停业，直至吊销登记证。

第四十三条 食品小作坊违反本条例第十四条、第十五条第一项至第七项、第十六条、第十七条、第十八条规定的，由市场监督管理部门责令改正，给予警告；拒不改正的，处以五百元以上五千元以下罚款；情节严重的，责令停产停业。

第四十四条 食品摊贩违反本条例第二十六条规定，未张挂食品摊贩信息公示卡和从业人员健康证明的，由市场监督管理部门责令改正；拒不改正的，处以五十元以上五百元以下的罚款。

第四十五条 食品摊贩违反本条例第二十七条第一项至第五项规定的，由市场监督管理部门责令改正；拒不改正的，处以五十元以上五百元以下罚款；情节严重的，责令停业。

第四十六条 食品摊贩违反本条例第二十八条规定的，由市场监督管理部门没收违法所得和违法经营的食品及其原料，并处二百元以上一千元以下罚款；情节严重的，责令停业。

第四十七条 食品小作坊和食品摊贩违反城市市容和环境卫生管理法律、法规的，由城市管理行政执法部门依法处理。

清真食品小作坊违反清真食品生产经营管理有关规定的，由民族宗教事务行政主管部门依法处理。

第四十八条 县级以上地方人民政府在食品小作坊和食品摊贩监督管理工作中未履行职责，本行政区域出现重大食品安全事故、造成严重社会影响的，或者隐瞒、谎报、缓报食品安全事故的，对直接负责的主管人员和其他直接责任人员，依法给予处分。

第四十九条 食品小作坊和食品摊贩隐瞒、谎报、缓报食品安全事故或者隐匿、伪造、毁灭有关证据的，由有关主管部门按照各自职责分工责令停产停业；情节严重的，由市场监督管理部门吊销食品小作坊登记证。

第五十条 市场监督管理部门吊销食品小作坊登记证的，应当同时对其负责人和直接责任人员作出自登记证被吊销之日起三年内不得从事食品生产经营活动的处罚。

第五十一条 市场监督管理等有关部门不履行法定职责或者玩忽职守、滥用职权、徇私舞弊的，对直接负责的主管人员和其他直接责任人员，依法给予处分。

第五十二条 违反本条例规定，造成人身、财产或者其他损害的，依法承担赔偿责任；构成犯罪的，依法追究刑事责任。

第六章 附则

第五十三条 本条例自 2016 年 7 月 1 日起施行。

附录五　江苏省关于加强小餐饮管理的决定

江苏省关于加强小餐饮管理的决定

（2020 年 7 月 31 日江苏省第十三届人民代表大会常务委员会第十七次会议通过，江苏省人民代表大会常务委员会公告第 38 号）

为了规范小餐饮经营行为，促进小餐饮健康发展，方便群众生活，保证食品安全，保障公众身体健康和生命安全，根据《中华人民共和国食品安全法》等法律、行政法规，结合本省实际，作如下决定：

一、本省行政区域内小餐饮经营、监督管理与服务，适用本决定。

本决定所称小餐饮，是指具有合法的固定经营场所、经营场所使用面积六十平方米以下、经营规模较小、经营条件简单，从事餐饮服务的食品经营者，但是不包括单位食堂和餐饮连锁企业分支机构。

二、县级以上地方人民政府统一领导、组织、协调本行政区域小餐饮监督管理与服务工作，加强监督管理能力建设，保障与小餐饮监督管理工作相适应的经费和人员。

乡镇人民政府、街道办事处应当根据本地实际情况健全安全协管员、信息员队伍，将小餐饮纳入网格化社会治理机制，协助有关部门开展小餐饮日常安全管理和联合执法。

村民委员会、居民委员会应当协助做好小餐饮管理有关工作。

三、县级以上地方人民政府市场监督管理部门负责对本行政区域内的小餐饮食品经营活动实施监督管理。

县级以上地方人民政府商务、住房和城乡建设（燃气、市容环境卫生、市政公用等）、生态环境、卫生健康、公安、应急、消防救援等有关部门和单位在各自职责范围内，负责与小餐饮有关的监督管理工作。

四、省市场监督管理部门应当会同省住房和城乡建设、生态环境、卫生健康、公安、消防救援等有关部门和单位编制小餐饮经营指南，明确食品安全以及建设、环境污染防治、消防、燃气、市容环境卫生等经营场所的基本要求、安全风险和法律后果，列举相关典型案例，并向社会公布，以供查阅。

县级人民政府市场监督管理、商务等部门和单位应当加强对小餐饮的指导与服务。

五、小餐饮经营场所选址应当符合大气、噪声污染防治有关法律、法规等规定，防止油烟、异味、废气、噪声等对附近居民的正常生活环境造成污染，并与有毒、有害、易燃易爆场所和其他污染源保持安全距离。

六、小餐饮应当依法取得营业执照。小餐饮申领营业执照时，应当对经营场所的真实性、合法性、安全性作出书面承诺。

小餐饮实行备案管理。小餐饮应当向所在地县级市场监督管理部门备案，取得小餐饮信息公示卡。市场监督管理部门应当在发放小餐饮信息公示卡时，一并发放小餐饮经营指南。

小餐饮信息公示卡应当载明经营者名称、经营地址、经营项目、是否从事网络经营、统一社会信用代码、举报电话及举报受理机关名称等信息。小餐饮信息公示卡的样式，由省市场监督管理部门确定。

七、办理营业执照的行政机关为市场监督管理部门的，应当在办理营业执照时一并实施小餐饮备案；办理营业执照依法集中至市场监督管理部门以外的其他行政机关的，办理营业执照与小餐饮备案应当一窗受理、一并办理。办理小餐饮备案所需信息可以通过政府信息共享方式取得的，不得要求重复提供。

营业执照办理信息和小餐饮备案信息应当即时共享给与小餐饮管理有关的部门和单位。

市场监督管理部门应当将小餐饮备案信息及时上网公示，并更新获知的歇业等信息，方便社会公众查阅。

八、持有小餐饮信息公示卡并标注网络经营的小餐饮，可以从事网络餐饮服务。

小餐饮从事网络经营的，应当遵守网络餐饮服务的相关规定。

九、小餐饮应当在就餐区醒目位置悬挂小餐饮信息公示卡、公示从业人员健康证明等信息，接受社会监督。从事网络经营的，应当在网站经营活动主页面显著位置持续公示营业执照、小餐饮信息公示卡。

十、小餐饮从事经营活动应当符合食品安全标准，并符合下列要求：

（一）保持环境卫生整洁，配备有效的加工、冷藏、洗涤、消毒、防尘、防蝇、防鼠等设施；

（二）具有合理的设备布局，待加工食品与直接入口食品、原料与成品分开存放，避免交叉污染；

（三）从业人员持有有效健康证明，保持个人卫生；

（四）查验供货者的许可证和食品出厂检验合格证或者其他合格证明，记录或者留存相关信息，保证食品来源可追溯；

（五）使用无毒、无害、清洁的食品包装材料、容器和售货工具，不得使用未经清洗消毒等不符合食品安全要求的餐具饮具，不得重复使用一次性餐具饮具；

（六）用水应当符合国家规定的生活饮用水卫生标准；

（七）使用的洗涤剂、消毒剂应当对人体安全、无害；

（八）法律、法规规定的其他要求。

十一、小餐饮不得有下列行为：

（一）使用法律、法规禁止食用的野生动物及其制品制作食品；

（二）经营生食类食品、自制裱花类蛋糕、自制以生鲜乳为原料的饮品；

（三）经营致病性微生物，农药残留、兽药残留、生物毒素、重金属等污染物质以及其他危害人体健康的物质含量超过食品安全标准限量的食品；

（四）经营腐败变质、油脂酸败、霉变生虫、污秽不洁、混有异物、掺假掺杂或者感官性状异常的食品；

（五）使用未经检疫或者检疫不合格的肉类制作食品，或者使用未经检验或者检验不合格的肉类制品制作食品；

（六）使用病死、毒死或者死因不明的禽、畜、水产动物肉类及其制品制作食品；

（七）使用非食品原料制作食品或者在食品中添加食品添加剂以外的化学物质和其他可能危害人体健康的物质，或者使用回收食品制作食品；

（八）使用以餐厨废弃物、废弃油脂为原料加工制作的油脂制作食品；

（九）使用超过保质期的食品原料、食品添加剂制作食品，或者经营超过保质期的食品；

（十）使用不符合食品安全标准的原料、食品添加剂和食品相关产品，或者超范围、超限量使用食品添加剂；

（十一）违反食品安全法律、法规的其他行为。

十二、小餐饮应当配备净化油烟、处理污水、存放垃圾和废弃物的设备或者设施，遵守油烟排放、污水排放、垃圾分类和餐厨废弃物处置规定。

小餐饮使用燃气应当遵守国家和省燃气安全使用有关规定，使用合格的气源、燃烧器具、减压阀和连接管，掌握事故应急处置操作技能；按照规定配备灭火器材，设置燃气泄漏安全保护装置，并确保完好有效，定期做好油烟管道清理等安全隐患排除工作。

小餐饮经营场所新建、改建、扩建或者进行室内装饰装修，应当遵守规划、房屋建筑安全管理和消防等法律、法规规定。

十三、小餐饮应当按照规定对经营场所安全和食品安全进行自查，形成自查记录，记录保存期限不得少于六个月；在自查中发现不符合要求的，应当立即采取整改措施，消除安全隐患，并如实记录。

倡导小餐饮公开加工过程，公示食品原料及其来源等信息。

鼓励小餐饮依法成立或者加入相关行业组织。相关行业组织应当加强行业自律，依照章程为小餐饮会员单位提供培训、咨询等服务，引导、督促小餐饮安全生产经营。

十四、集中交易市场的开办者应当依法审查入场小餐饮的营业执照和小餐饮信息公示卡，明确其食品安全和安全生产责任，定期对其经营环境和条件进行检查；发现其有违反本决定规定行为的，应当及时制止并立即报告所在地县级人民政府市场监督管理等有关部门。

网络食品交易第三方平台提供者应当对入网小餐饮的营业执照和小餐饮信息公示卡进行审查和实名登记，并与其签订食品安全协议，明确其食品安全责任；发现其有食品安全违法行为的，应当及时制止并立即报告入网小餐饮所在地县级人民政府市场监督管理部门；发现其有严重违法行为的，应当立即停止提供网络交易平台服务。

十五、设区的市、县（市、区）人民政府可以根据国家和省有关安全管理、历史文化保护等规定，结合本地乡镇、街道实际情况，统筹规划、建设、改造小餐饮集中场所和街区，有关规划应当向社会公布。

设区的市、县（市、区）人民政府可以采取优惠措施，鼓励和支持小餐饮进入小餐饮集中场所和街区经营，改善经营条件，创建优质品牌，发展特色餐饮。

鼓励有条件的地方在小餐饮集中片区或者路段，统筹设置仓储设施、除油或者污水预处理设施，并加强对污水预处理设施的日常维护管理。

十六、市场监督管理部门应当根据小餐饮食品安全抽样检验、风险监测评估等情况，确定小餐饮监督管理的重点、方式和频次，制定监督检查计划，加强对小餐饮经营活动的监督检查；建立小餐饮食品安全信用档案，记录小餐饮监督检查结果、违法行为查处等情况，依法向社会公布并实时更新；对有不良信用记录的小餐饮增加监督检查频次。

设区的市、县（市、区）人民政府确定的行政主管部门负责对小餐饮油烟、异味、废气、噪声等环境污染行为实施监督管理。

住房和城乡建设（燃气、市容环境卫生、市政公用等）行政主管部门负责对小餐饮经营场所房屋建筑安全、污水排放、餐厨废弃物处置等实施监督管理，督促燃气经营企业按照规定对小餐饮的燃气设施进行入户免费安全检查。

商务部门负责督促相关行业组织加强行业自律，组织开展相关业务培训和安全隐患自查自纠，提升行业组织自律规范化水平。

对小餐饮实施监督检查涉及多个部门或者多个检查事项的，应当通过联合执法、综合执法等方式进行。

十七、任何组织或者个人有权举报小餐饮违法行为，有关部门和单位应当向社会公示举报电话及举报受理机关名称。

十八、违反本决定第九条规定的，由市场监督管理部门责令改正；拒不改正的，处二百元以上一千元以下罚款。

违反本决定第十条第一项至第七项规定的，由市场监督管理部门责令限期改正；逾期不改正的，处一千元以上五千元以下罚款；情节严重的，责令停业。

违反本决定第十一条第二项至第十项规定的，由市场监督管理部门没收违法所得和违法经营的食品，并处二千元以上一万元以下罚款；情节严重的，责令停业，并处一万元以上五万元以下罚款。

违反本决定第五条、第十一条第一项、第十二条规定的，由相关部门按照职责分工，根据野生动物保护、规划、建设、房屋建筑安全、环境污染防治、消防、燃气、市容环境卫生等法律、法规和规章规定处理。

十九、本决定自 2021 年 1 月 1 日起施行。本决定实施前，小餐饮已经依法取得食品经营许可的，在许可有效期内按照本决定实施监督管理。

附录六　扬州市市区食品小作坊登记证申领办法

扬州市市区食品小作坊登记证申领办法
（扬食药监规〔2016〕1号）

第一章　总则

第一条　为了规范食品小作坊生产经营行为，强化食品小作坊登记管理，保障人民群众身体健康和生命安全，根据《中华人民共和国食品安全法》《江苏省食品小作坊和食品摊贩管理条例》等法律法规，制定本办法。

第二条　本办法所称食品小作坊，主要是指具有固定生产加工场所、生产规模较小、从业人员较少、生产条件简单，从事散装或者简易包装食品生产加工活动的食品生产经营者，但不包括食用农产品生产者。

第三条　扬州市广陵区、邗江区、江都区、经济技术开发区、生态科技新城、蜀冈－瘦西湖风景名胜区范围内食品小作坊登记证的申领，适用本办法。

第四条　市食品药品监督管理部门负责指导全市食品小作坊登记工作。

区级食品药品监督管理部门具体负责本区域内食品小作坊登记工作。

第五条　区级食品药品监督管理部门应当根据食品类别和食品安全风险状况，结合本地实际制定食品小作坊生产加工的食品品种目录，经区级人民政府（管委会）批准后向社会公布，并报市食品药品监督管理部门备案。

第二章　申请与受理

第六条　申请食品小作坊登记，应依法取得营业执照，并以载明的主体作为申请人。

第七条　食品小作坊申请登记的生产加工食品品种应当在公布的食品品种目录范围内。

第八条　申请食品小作坊登记，应当符合省食品小作坊卫生规范的规定，并符合下列条件：

（一）具有与生产加工的食品品种、规模相适应的固定场所和设备、设施；

（二）具有合理的设备布局和工艺流程；

（三）具有食品安全管理人员和保证食品安全的管理制度。

清真食品小作坊应当同时符合清真食品生产经营管理的有关规定。

第九条 申请食品小作坊登记，应当向申请人所在地区级食品药品监督管理部门提交下列材料：

（一）食品小作坊登记申请书；

（二）营业执照复印件；

（三）食品生产加工场所及其周围环境平面图、工艺设备布局图和食品生产工艺流程图；

（四）食品生产加工主要设备、设施清单；

（五）进货查验、生产过程控制、食品安全自查、从业人员健康管理、不安全食品召回、食品安全事故处置等保证食品安全的规章制度。

申请人委托他人办理食品小作坊登记申请的，代理人应当提交授权委托书以及代理人的身份证明文件。

第十条 申请人应当如实向食品药品监督管理部门提交有关材料和反映真实情况，对申请材料的真实性负责，并在申请书等材料上签名或者盖章。

第十一条 区级食品药品监督管理部门对申请人提出的食品小作坊登记申请，应当根据下列情况分别作出处理：

（一）申请事项依法不需要登记或申请生产加工的食品品种不在公布的目录范围内的，应当即时告知申请人不予受理。

（二）申请事项依法不属于食品药品监督管理部门职权范围的，应当即时作出不予受理的决定，并告知申请人向有关行政机关申请。

（三）申请材料存在可以当场更正的错误的，应当允许申请人当场更正，由申请人在更正处签名或者盖章，注明更正日期。

（四）申请材料不齐全或者不符合法定形式的，应当当场或者在 5 个工作日内一次告知申请人需要补正的全部内容。当场告知的，应当将申请材料退回申请人；在 5 个工作日内告知的，应当收取申请材料并出具收到申请材料的凭据。逾期不告知的，自收到申请材料之日起即为受理。

（五）申请材料齐全、符合法定形式，或者申请人按照要求提交全部补正材料的，应当受理食品小作坊登记申请。

第十二条 区级食品药品监督管理部门对申请人提出的申请登记予以受理的，应当出具受理通知书；决定不予受理的，应当出具不予受理通知书，说明不予受理的理由，并告知申请人依法享有申请行政复议或者提起行政诉讼的权利。

第三章　审查与决定

第十三条　区级食品药品监督管理部门应当对申请人提交的申请材料进行审查，对生产加工场所进行现场核查。

食品药品监督管理部门在食品小作坊登记现场核查时，可以根据食品生产加工工艺流程等要求，核查试制食品检验合格报告。

现场核查应当由符合要求的核查人员进行。核查人员不得少于 2 人。核查人员应当出示有效证件，填写食品小作坊登记现场核查表，经申请人核对无误后，由核查人员和申请人在核查表上签名或者盖章。申请人拒绝签名或者盖章的，核查人员应当注明情况。

核查人员应当自接受现场核查任务之日起 10 个工作日内，完成对生产加工场所的现场核查。

第十四条　区级食品药品监督管理部门应当在受理申请之后 1 个工作日内，向食品小作坊所在地乡镇人民政府或者街道办事处发出征询意见函。

食品小作坊所在地乡镇人民政府或者街道办事处应在收到征询意见函 7 个工作日内，书面答复食品药品监督管理部门，反馈有异议的，应说明理由和依据，必要时应提供佐证材料。

区级食品药品监督管理部门逾期未收到答复的，或答复有异议但拒不说明理由和依据的，视为食品小作坊所在地乡镇人民政府或者街道办事处无异议。

征询意见过程不中止书面材料审查和现场核查程序。

第十五条　区级食品药品监督管理部门应当自受理申请之日起 20 个工作日内作出是否准予登记的决定。因特殊原因需要延长期限的，经本行政机关负责人批准，可以延长 10 个工作日，并应当将延长期限的理由告知申请人。

第十六条　区级食品药品监督管理部门应当根据申请材料审查、现场核查和乡镇人民政府或者街道办事处征询意见等情况，对符合条件的，作出准予登记的决定，并自作出决定之日起 10 个工作日内向申请人颁发食品小作坊登记证，并通报相关乡镇人民政府或者街道办事处；对不符合条件的，应当及时作出不予登记的书面决定并说明理由，同时告知申请人依法享有申请行政复议或者提起行政诉讼的权利。

第十七条　食品小作坊登记证发证日期为登记决定作出的日期，有效期为 3 年。

第十八条　区级食品药品监督管理部门在作出准予登记决定之前，应在部门网站公示 5 日，及时公开相关登记情况。

第十九条 区级食品药品监督管理部门认为食品小作坊登记申请涉及公共利益的重大事项，需要听证的，应当向社会公告并举行听证。

食品小作坊登记直接涉及申请人与他人之间重大利益关系的，区级食品药品监督管理部门在作出登记决定前，应当告知申请人、利害关系人享有要求听证的权利。

申请人、利害关系人在被告知听证权利之日起 5 个工作日内提出听证申请的，食品药品监督管理部门应当在 20 个工作日内组织听证。听证期限不计算在登记审查期限之内。

第四章 登记证管理

第二十条 食品小作坊登记证应当载明食品小作坊名称、地址、经营者姓名、食品品种范围、产品包装形式等信息。

第二十一条 食品小作坊登记证式样和编号规则，按照省食品药品监督管理部门规定执行。省食品药品监督管理部门未作规定的，由市食品药品监督管理部门作出统一规定。

第二十二条 食品小作坊应当在生产加工场所的显著位置悬挂或者摆放食品小作坊登记证。食品小作坊登记证不得伪造、涂改、倒卖、出租、出借、转让。

第五章 变更、延续、补办与注销

第二十三条 食品小作坊登记证载明的登记事项发生变化的，应当在变化后 10 个工作日内向原发证的食品药品监督部门申请变更登记。并应当提交下列申请材料：

（一）食品小作坊登记变更申请书；

（二）食品小作坊登记证；

（三）与变更食品小作坊登记事项有关的其他材料。

食品小作坊迁址的，应当重新申请食品小作坊登记。

第二十四条 食品小作坊需要延续食品小作坊登记的有效期的，应当在食品小作坊登记证有效期届满 30 个工作日前，向原发证的食品药品监督管理部门提出申请。并应当提交下列材料：

（一）食品小作坊登记延续申请书；

（二）食品小作坊登记证；

（三）与延续食品小作坊登记事项有关的其他材料。

区级食品药品监督管理部门应当在该食品小作坊登记证有效期届满前作出是否准予延续的决定。

第二十五条 区级食品药品监督管理部门应当对变更或者延续食品小作坊登记的申请材料进行审查。申请人声明生产加工条件未发生变化的，可以不再进行现场核查。申请人的生产加工条件发生变化，可能影响食品安全的，食品药品监督管理部门应当就变化情况进行现场核查。

第二十六条 审查决定准予变更、延续的，应当向申请人颁发新的食品小作坊登记证。变更登记的，发证日期为作出变更登记决定的日期，有效期与原证一致。延续登记的，有效期自作出延续登记决定之日起计算。

不符合变更、延续申请条件的，原发证的食品药品监督管理部门应当作出不予变更、延续的书面决定，并说明理由。

第二十七条 食品小作坊登记证遗失、损坏的，应当及时向原发证的食品药品监督管理部门申请补办，提交食品小作坊登记补办申请书。遗失的，应提交区级以上食品药品监督管理部门网站或者其他区级以上主要媒体刊登遗失公告的材料。损坏的，应提交损坏的小作坊登记证，食品药品监督管理部门应当在受理后20个工作日内予以补发。

第二十八条 食品小作坊终止食品生产加工，食品小作坊登记证被撤回、撤销或者吊销的，应当在30个工作日内向原发证的食品药品监督管理部门申请办理注销手续。

食品小作坊申请注销登记的，应当提交下列材料：

（一）食品小作坊登记注销申请书；

（二）食品小作坊登记证；

（三）与注销食品小作坊登记事项有关的其他材料。

第二十九条 发生下列情形之一的，食品小作坊未按规定申请办理注销手续的，原发证的食品药品监督管理部门应当依法办理食品小作坊登记注销手续：

（一）食品小作坊登记证有效期届满未申请延续的；

（二）食品小作坊主体资格被依法终止的；

（三）食品小作坊登记证被撤回、撤销或者吊销的；

（四）因不可抗力导致食品小作坊登记事项无法实施的；

（五）应当注销登记的其他情形。

第三十条 食品小作坊登记证变更、延续、补办与注销的有关程序参照本办

法第二章和第三章的有关规定执行。

第六章 附则

第三十一条 本办法由市食品药品监督管理部门负责解释。

第三十二条 本办法自 2016 年 9 月 1 日起施行。

附录七 扬州市食品摊贩备案管理工作指南

扬州市食品摊贩备案管理工作指南

（扬州市食品药品安全委员会办公室、市食品药品监督管理局 2016 年 6 月颁布）

第一条 为做好我市食品摊贩备案管理工作，规范食品摊贩经营行为，根据《江苏省食品小作坊和食品摊贩管理条例》有关规定要求，制订本工作指南。

第二条 本指南适用于全市食品摊贩的备案工作。各县（市、区）、功能区乡镇人民政府、街道办事处具体负责本行政区域内食品摊贩的备案工作，并应根据指南要求制定具体的食品摊贩备案办法。

第三条 各县（市、区）人民政府、功能区管委会和乡镇人民政府、街道办事处应划定食品摊贩经营区域、确定经营时段，并向社会公布。

第四条 食品摊贩备案应当向所在地乡镇人民政府、街道办事处提供以下资料，并对资料的合法性、真实性负责：

（一）食品摊贩备案信息登记表（见附件 1）；

（二）经营者身份证复印件；

（三）从业人员健康证明复印件。

第五条 对备案资料齐全的，乡镇人民政府、街道办事处应当场根据备案信息制作并发放食品摊贩信息公示卡（附件 2）；对备案资料不全的，应当场一次性告知备案所需全部资料。

食品摊贩信息公示卡应当统一编号，载明食品摊贩的姓名、经营品种、经营区域、经营时段等信息，并加盖“××乡镇人民政府（街道办事处）食品摊贩备案专用章”。

第六条 乡镇人民政府、街道办事处应在发放食品摊贩信息公示卡之日起 3

日内将食品摊贩备案信息通过《食品摊贩备案信息通报表》（附件 3）通报所在地县级食品安全监督管理、城市管理行政执法部门。

第七条 食品摊贩备案信息发生变化的，应当在 15 日内到原备案部门办理变更，领取新信息公示卡；公示卡遗失或者损坏的，应当及时申请补发。

第八条 有下列情形之一的，原备案部门应当收回《食品摊贩信息公示卡》：

（一）不再从事食品摊贩经营活动的；

（二）经营条件发生变化，不符合相关法律法规要求的；

（三）其他应当收回的情形。

第九条 《食品摊贩信息公示卡》不得伪造、涂改、冒用、出租、出借或转让。

第十条 扬州市食品安全委员会办公室负责制定《食品摊贩信息公示卡》格式；各乡镇人民政府、街道办事处负责《食品摊贩信息公示卡》的发放和管理工作，并建立档案；县级食品药品监管部门要指导、协助乡镇人民政府、街道办事处做好食品摊贩备案管理工作。

第十一条 本指南由扬州市食品安全委员会办公室负责解释。

附录八　扬州市地方标准 DB 3210/T 1093—2021《乡镇（街道）食安办建设与工作规范》

乡镇（街道）食安办建设与工作规范（DB 3210/T 1093—2021）

（本文件由扬州市市场监督管理局于 2021 年 9 月 1 日发布，自发布之日起实施。）

前　言

本文件按 GB/T 1.1—2020《标准化工作导则　第 1 部分：标准化文件的结构和起草规则》给出的规则起草。

本文件由扬州市食品安全委员会办公室提出，由扬州市市场监督管理局归口。

本文件起草单位：扬州市食品安全委员会办公室、扬州市食品安全学会、宝应县市场监督管理局、高邮市市场监督管理局。

本文件主要起草人：洪昊、郁新、崔桂友、许慧卿、柴明红。

乡镇（街道）食安办建设与工作规范

1 范围

本文件规定了乡镇（街道）食品安全委员会办公室的建设标准和工作规范。

本文件适用于指导扬州市乡镇（街道）食品安全委员会办公室规范化建设和日常管理工作，园区食品安全委员会办公室参照执行。

2 规范性引用文件

本文件没有规范性引用文件。

3 术语和定义

下列术语和定义适用于本文件。

3.1 食品

指各种供人食用或者饮用的成品和原料以及按照传统既是食品又是中药材的物品，但是不包括以治疗为目的的物品。

3.2 食品安全

指食品无毒、无害，符合应当有的营养要求，对人体健康不造成任何急性、亚急性或者慢性危害。

3.3 食品安全委员会

简称食安委，指食品安全工作的议事协调机构，主要职责包括分析食品安全形势，研究部署、统筹指导食品安全工作，提出食品安全监管的重大政策措施，督促落实食品安全监管责任等。

3.4 食品安全委员会办公室

简称食安办，指食品安全委员会的具体办事机构，承担食品安全委员会的日常工作。

3.5 食品安全协管人员

简称协管员，指协助负责基层食品安全监督管理工作的人员，包括食品安全信息员、网格管理员以及采取向社会购买服务方式聘任的协助食品安全管理的人员等。

4 组织体系

4.1 组织架构

a) 乡镇（街道）政府设立食品安全委员会（简称“食安委”），负责辖区食品安全综合协调工作。由乡镇政府（街道办事处）主要负责人或分管负责人担

任（兼任）主任，成员单位包括但不限于负有农产品质量安全、食品安全、教育、公安、卫生、财政等管理职能的部门或内设机构。政府应根据机构改革或人事变动等实际情况及时调整食品安全委员会组成人员及成员单位职责分工。

b) 乡镇（街道）食安委下设办公室（简称“食安办”），负责食安委日常工作。由乡镇（街道）分管负责人担任（兼任）主任，食安办所在内设机构主要负责人、食安委成员单位有关负责人担任（兼任）副主任。食安办可设在乡镇（街道）内设机构中，在乡镇（街道）党政领导下工作，业务上接受上级食安办指导。

4.2 管理网格

a) 合理划分食品安全管理网格，明确网格管理责任人。

b) 制定村（社区）食品安全责任制清单，清单应体现工作职责、督查考核、奖惩措施等内容。

4.3 人员队伍

a) 乡镇（街道）食安办应配备专（兼）职工作人员。每个乡镇（街道）食安办至少配备 1 名专职工作人员。常住人口 4 万以上的乡镇（街道）食安办应配有 2 名及以上工作人员，食品生产经营主体较多或任务繁重的乡镇（街道）应适当加强人员力量。

b) 村（社区）应配备食品安全协管员，人员数量符合工作需求。原则上 2000 人以下的村配备 1 名协管员，2000 人以上的村配备 2 名及以上协管员；1 万人以下的社区配备 1 名协管员，1 万人以上的社区配备 2 名及以上协管员。协管员在乡镇（街道）食安办指导下开展工作，主要承担隐患排查、信息报告、协助执法和宣传教育等职责。协管人员要具备适应食品安全岗位要求的基本能力。

c) 鼓励乡镇（街道）采取向社会购买服务的方式聘任食品安全协管人员。

4.4 社会共治

a) 强化食品生产经营者的主体责任。督促食品生产经营者依照法律法规和标准规范从事生产经营活动，建立健全食品安全管理制度，采取有效措施预防和控制食品安全风险，保证食品安全。

b) 搭建各类社会力量参与食品安全共治的平台。推动辖区人大代表、政协委员参与食品安全共督共管，在辖区内组建热心公益事业、了解食品安全知识的志愿者队伍，定期组织开展活动。鼓励有条件的乡镇（街道）设立食品安全社会监督服务站或志愿者服务站。

5 责任体系

5.1 党政领导责任

a) 认真贯彻党政同责要求，履行属地管理职责，制定党政领导干部食品安全工作责任清单，明确领导班子的食品安全责任，形成主要领导全面负责、分管领导具体负责、其他领导相应负责的食品安全领导工作格局。

b) 乡镇（街道）党政主要负责人每年通过开展食品安全工作专题调研、召开专题会议等形式，至少听取 1 次食品安全工作专题汇报，及时研究解决至少 1 项食品安全工作重大或突出问题。

c) 分管负责人要突出紧抓分管领域的食品安全工作，每年组织开展不少于 2 次食品安全工作专题调研，不少于 2 次分析食品安全形势，研究解决至少 2 项食品安全领域相关问题，组织食品安全检查及专项整治活动。

d) 将食品安全工作纳入乡镇（街道）年度重点工作内容和综合目标考核，考核权重不低于 3%。

e) 落实高质量发展要求，推进食品及食品相关产业转型升级，不断提高产业发展水平。

5.2 食安办工作职责

5.2.1 食安办日常工作

5.2.1.1 制度建设

a) 协助乡镇（街道）食安委完善各项工作制度，建立健全党政领导干部食品安全责任清单、成员单位工作职责、食安办和协管员工作职责。

b) 协助乡镇（街道）食安委建立健全跟踪督办、责任追究、履职检查、评议考核、结果运用等工作机制。

5.2.1.2 协管员队伍建设

负责聘用村（社区）协管员，明确其工作职责。

5.2.1.3 工作部署

a) 认真落实上级业务主管部门部署开展的各项工作，做到工作有部署、有举措、有督查、有总结等。

b) 协助乡镇（街道）食安委制定本辖区食品安全工作计划，推进制订、实施辖区网格化管理方案。

5.2.1.4 议事协调

a) 推进协调乡镇（街道）党政主要负责人和分管负责人每年开展食品安全专题调研、解决实际问题等工作。

b) 承办或协办乡镇（街道）党委政府食品安全工作会议，每年至少召开 1 次辖区食品安全委员会会议，部署落实辖区食品安全工作。不定期召开（一般可每季度 1 次）食安委成员单位联络员专题工作会议，通报同级各相关部门食品安全工作落实推进情况，研究讨论推进食品安全阶段性工作。

c) 运用信息化手段建立各成员单位联络员与协管人员间的信息收集、分流、处理、反馈机制。

5.2.1.5 评议考核

牵头组织开展对各村（社区）及相关成员单位食品安全工作年度目标责任制考核。

5.2.1.6 年度总结

代表食安委每年至少一次分别向本级党委政府和上级食安办报告食品安全工作情况，报告内容包括：上级相关部门关于食品安全工作决策部署的落实情况；上级相关部门领导关于食品安全工作重要批示的落实情况；阶段性食品安全工作思路、工作进展情况、重要数据、主要指标完成情况；食品安全工作中的重大问题。

5.2.1.7 要素保障

为乡镇（街道）食安委和食安办工作正常运行，争取得到人财物等方面的保障。

5.2.2 属地管理工作

5.2.2.1 隐患排查

a) 隐患排查。掌握辖区内农产品种植养殖户以及食品生产经营主体数量及基本情况，及时收集更新食品生产经营户动态信息。组织协管员对辖区生产经营主体定期开展隐患排查，建立问题清单，明确工作要求，发现违法违规行为应及时劝阻或进行风险提示，并及时上报相关监管部门。（参见附录 A 食品安全隐患排查问题清单和食品安全隐患排查汇总记录表）

b) 农村集体聚餐管理。组织协管员开展农村集体聚餐信息收集、情况上报、事前备案、现场指导等工作；做好农村集体聚餐厨师登记备案、健康管理、培训工作；推动农村集体聚餐厨师或以其他形式参保食品安全责任险，鼓励建立农村集体聚餐代办点。（参见附录 B 农村集体聚餐食品安全风险防控现场指导表）

c) 联合检查。牵头组织开展重点节日、重点时段、重点区域或重点品种联合检查，对发现的问题及时进行交办，并跟踪办理结果。协调相关部门在做好上

级部署的专项整治的同时，针对辖区食品安全突出问题，每年开展不少于 2 次食品安全专项治理和联合执法行动，有计划方案、会议部署、总结分析等。

5.2.2.2 协助执法

a) 小作坊管理。协助食品安全监管等部门开展食品小作坊调查摸底和协助日常管理的工作。

b) 食品摊贩管理。负责或督促相关部门划定食品摊贩经营区域，确定食品摊贩经营时段；负责食品摊贩备案管理，发放食品摊贩信息公示卡，并督促公示信息公示卡和健康证明；协助和落实食品安全监管等部门开展食品摊贩日常管理的工作内容和岗位责任。

c) 小餐饮管理。协助有关部门将小餐饮纳入网格化社会治理，协助和落实开展日常管理和联合执法的工作内容和岗位责任。

d) 协助执法工作。配合食安委成员单位处理食品安全举报投诉、开展应急处置和食品安全违法违规行为查处等工作。

5.2.3 信息报送

a) 日常信息报送。乡镇（街道）食安办应遵循及时性、准确性、实效性原则，定期将各类日常信息、报表等报至县（市、区）食安办。（参见附录 C 食品安全信息报表）

b) 紧急信息报送。乡镇（街道）食安办应第一时间向上级食安办报告以下重要信息：重大食品安全隐患线索；食物中毒、突发食品污染事件及人畜共患病等；重要媒体舆情信息；其他可能引发事态扩大、影响社会稳定的案情或舆情信息。

5.2.4 宣传教育

a) 开展食品安全宣传。拟定辖区内食品安全宣传工作计划，开展食品安全进学校、社区、农村等宣传活动；鼓励利用宣传栏、电子显示屏、门户网站、微信公众号等信息化手段，向公众宣传食品安全知识、法律法规和监管工作成效。（参见附录 D 食品安全宣传活动记录表）

b) 设置科普宣传栏。建成乡镇（街道）、村（社区）两级科普宣传栏，不定期更新宣传内容。

c) 开展协管人员培训。每年至少开展 2 次针对食安办工作人员和村（社区）协管人员的业务培训活动，每次培训课时不少于 10 课时，鼓励采用多种形式的培训。（参见附录 E 食品安全培训记录表）

d) 督促生产经营者学习培训。联合监管部门督促食品小作坊、食品摊贩、小餐饮、农村集体聚餐等从业人员自觉学习，参加培训；督促食品生产经营主体的食品安全管理人员参与多种形式的培训学习，接受监管部门的抽查考核；推动种植养殖大户、农业企业和食品生产经营企业负责人参加食品安全法律法规集中培训。

5.3　协管员工作职责

a) 隐患排查。掌握本村（社区）内食品生产经营主体基本情况，建立工作记录和台账。对照食品安全隐患排查问题清单，对本村（社区）内生产经营主体定期开展隐患排查，及时发现食品安全风险，并将信息及时报送乡镇（街道）食安办。督促生产经营主体及时进行隐患整改、规范经营。切实做好农村集体聚餐活动中信息收集、情况上报、事先备案、现场指导工作，要对集体聚餐的举办者和承办者进行食品安全风险提示。

b) 协助执法。协助有关部门对本村（社区）内的食品生产经营单位进行监督检查或相关执法活动。

c) 信息报送。定期向乡镇（街道）食安办上报本区域食品安全动态。对本村（社区）内发生的食品安全事故或突发事件，在先行处置的同时，要按照规定程序和时限及时上报，不得擅自对外发布信息。

d) 宣传引导。向公众和食品生产经营者宣传法律法规和食品安全知识，提供政策指导。

e) 接受乡镇（街道）食安办及其成员单位的业务指导，完成乡镇（街道）食安办安排的其他有关工作。

6　制度体系

6.1　工作制度种类

乡镇（街道）食安办应重点围绕统筹协调（含工作部署、议事协调和督查考核）、隐患排查（含日常隐患排查、农村集体聚餐管理、联合检查）、协助执法（含小作坊管理、食品摊贩管理、小餐饮网格化社会治理）、信息报告、宣传教育等乡镇（街道）食品安全工作职责，建立健全食品安全各项工作制度，确保辖区各项食品安全工作有序高效开展。工作制度种类应包含但不限于下列种类：议事协调制度、督查考核制度、隐患排查制度、协助执法制度、信息报告制度、宣传教育制度等。

6.2　工作制度制定

制度应结合有关要求和本地实际情况制定，并不断完善。各项食品安全管理制度涵盖实施岗位人员、工作内容、工作要求等内容，经政府主要负责人或食安办主要负责人批准后发文实施。

6.3 工作制度落实

乡镇（街道）食安办应与负有农产品质量安全、食品安全、教育、公安、卫生、财政等管理职能的县（市、区）派驻机构或乡镇（街道）内设机构建立协作衔接机制。落实食品安全工作责任制与责任追究办法，确保各项工作制度落到实处。

7 保障体系

7.1 办公条件

a) 乡镇（街道）食安办有固定且相对独立的办公场所，办公场所有“××乡镇（街道）食品安全委员会办公室”标识，启用食安委、食安办印章。

b) 乡镇（街道）食安办办公场所应配备办公桌椅、电脑、打印机、扫描仪、电话、档案柜等必需的办公设施和设备。

7.2 经费保障

a) 乡镇（街道）政府应将食品安全工作经费列入财政预算，每年按辖区常住人口数人均不少于 2 元的标准安排食品安全日常运行经费，主要用于辖区食品安全日常工作、宣传、培训、协管人员工作补助等。

b) 乡镇（街道）政府应根据工作需要，安排专项经费，用于食品小作坊升级改造、食品摊贩疏导区建设、农贸市场食品安全快检等工作。鼓励有条件的乡镇（街道）积极购买农村集体聚餐食品安全责任保险。

7.3 宣传阵地

a) 乡镇（街道）食安办应当组建食品安全宣传队伍，可聘请有关专家、上级部门及食安委成员单位业务骨干担任宣传员或食品安全知识讲解员。

b) 村（社区）应在公共场所醒目位置设立食品安全宣传栏或橱窗，并定期或者不定期更换宣传内容。

7.4 信息终端

乡镇（街道）食安办应接入信息化平台终端，联通乡镇（街道）应急综治指挥平台。食安办工作人员和协管人员按照“一员一端”标准配备相应的基层食品安全综合监管平台软件，积极推进智慧监管手段，提高基层食安办工作人员和协管人员的工作效率。

8 工作档案

8.1 食安办工作档案

8.1.1 日常工作档案

食安委和食安办日常工作材料，包括但不限于党政同责落实、体制机制建设、协管员管理、计划总结、工作部署、议事协调、评议考核、要素保障等档案材料。

8.1.2　属地管理工作档案

包括但不限于下列事项：

隐患排查档案。包括生产经营主体基础档案、日常隐患排查、农村集体聚餐管理、联合检查等档案材料。

协助执法档案。包括协助开展食品小作坊管理、食品摊贩管理、小餐饮治理以及其他协助执法工作档案材料。

信息报告档案。包括日常信息报送和紧急信息报送等相关工作档案材料。

宣传教育档案。包括宣传教育、培训及其社会共治等相关工作档案材料。

8.2　协管员工作材料

村（社区）协管员应有协管工作手册，包括工作职责、生产经营主体基本情况、隐患排查、农村集体聚餐厨师管理、农村集体聚餐报备与指导、信息报送、宣传教育等内容。

Postscript

后记

本手册是在扬州市市场监管局（扬州市食安办）专项课题“扬州食品安全乡镇创建与考评模式”和江苏省市场监管局（江苏省食安办）专项课题“基层食品安全多元共治模式研究”研究成果的基础上编写而成。从着手起草提纲到完稿，断断续续经历了3年多的时间。在提交稿件之际，对编写情况作一说明。

一个意图。在我们连续多年对乡镇（街道）食品安全工作调查和评价的过程中，发现普遍存在基层食品安全工作责任边界不清晰，基层食安办工作人员和食品安全协管员专业性不强、岗位流动性大等问题。本手册的编写，旨在帮助乡镇（街道）食安办及其协管员解决基层食品安全工作谁来干、干什么、怎么干的问题。需要说明的是，乡镇（街道）食品安全工作主要包括3个板块——基层食安办及其协管员工作、基层农产品质量安全工作、基层市场监管分局（所）工作，本手册无法面面俱到，只是侧重于第一板块的工作。

两个依据。一是依据现有的法律法规和政策规定，迄今在国家层面和我省层面还没有出台专门针对乡镇（街道）食品安全工作的指导文件，我们只能依据相关的政策要求，尽可能将所有工作都找到政策依据；二是依据实际工作情况，扬州市2015年启动了食品安全乡镇（街道）创建工作，在扬州市食安委和食安办领导下，我们团队连续多年承担了具体的现场评价工作，积累了大量的第一手材料，并编制发布了扬州市地方标准DB 3210/T 1093—2021《乡镇（街道）食安办建设与工作规范》。

三个原则。一是凸显简洁性，力求以最小的篇幅回应乡镇（街道）食品安全工作的疑难问题；二是强调实用性，避免过多的理论阐述和政策解读；三是注重指导性，为乡镇（街道）食安办工作人员及村（社区）协管员提供工作指导。

本手册是在扬州大学教授、扬州市食品安全学会理事长崔桂友编写的文稿基础上，由编写组共同修改而成。扬州市市场监管局食品安全协调处主任科员杨溢负责修改第一篇，高邮市市场监管局食品安全协调科科长张树明负责修改

第二篇，江苏旅游职业学院讲师康雨薇负责修改第三篇和附录，崔桂友负责协调和统稿。

在编写过程中，扬州市市场监管局副局长洪昊、食品安全总监郁新高度重视，多次指导；宝应县市场监管局食品安全协调科科长柴明红、江都区市场监管局食品安全协调科科长相咸平、扬州大学教授许慧卿提出修改意见。在此一并致谢！

尽管我们对该书稿进行数十次的修改，但对基层食品安全工作的理解不一定准确，对书稿内容的把握不一定得当，还望基层食品安全工作人员，特别是乡镇（街道）食安办工作人员，结合实际工作情况和基层食品安全监管工作需求，对本手册内容不妥之处提出修改意见，便于修订再版。

编者

2023 年 2 月